クルマ好きのための

21世紀自動車大事典

下《か》野《ばた》康《やす》史《し》

二玄社

50音索引

装丁・本文デザイン……菊地博徳(BERTH Office)
カバーイラスト……大毛里紗(BERTH Office)
写真提供……下野康史

【あ】

アール・エイト

【R8】

⇩車名「アウディR8」

21世紀生まれのスーパーカー。

デビューは2006年。すでにランボルギーニを買収していたアウディが、自前でゼロからつくったスーパーカー。

◆

300km/hを超す最高速を始めとして、性能はスーパーカーそのものだが、男っぽさやストイックさを徹底的に排除したのが真骨頂。総アルミ・ボディのわりに車重は軽くないが、操縦感覚は軽い。1・9mの車幅を感じさせない身のこなしは、よくできたミドシップカーならではだ。一方、快適性も抜群で、世界一、乗り心地のいいスーパーカーだろう。

前方視界は大きく、広い。大きなエンジンを後ろに積んでいるのに、後方視界もまずまず。うっかり迷い込んだ狭い道で、捨てて帰りたくなるようなことはない。ハンドバッグの置き場にも困るのが、ミドシップカーの通弊だが、シート背後には、ちょっとした収納スペースがある。

つまり「スーパーカー型実用車」

である。ガヤルドのV10を積んだモデルもあるが、いちばん安い（1649万円）4・2リッターV8のマニュアルが最もファン・トゥ・ドライブ。色はスズカグレーがお洒落デス。

アール・エックス・エイト【RX－8】

⇩車名「マツダRX－8」

世界で唯一のロータリー・エンジンカー。

デビューは2003年にさかのぼるが、今なおそこそこのオンロード・アピールを持つ。2011年の販売は、月平均約70台。見飽きるほど売れていないのが鮮度維持の主因か。

RX－8はいまどき運転席からボンネットがとてもよく見えるクルマである。自分のボンネットがよく見えると、車両感覚が掴みやすい。狭いところで助かるだけでなく、「コーナーのインにつく」ようなこともやりやすい。だから、スポーツカーにはとても大切なことである。

ここまでよくボンネットが見渡せるのは、ロータリー・エンジンだからである。尖った三角おむすびみたいなローターを直列に2個並べた13Bロータリーは、ハイパワー仕様で250馬力。同出力のレシプロ・エンジンよりはるかに小さい。本体の全高などは34㎝しかない。そのコンパクトさが、低いエンジンフード高

2012年夏まで

を可能にしている。

　ノンターボだから、RX−7のころの速さはない。そのかわり、ロータリーエンジン独特の〝表情〟はよくわかるようになった。当然ながら、ピストンの上下運動ではなく、回転運動でパワーが生産されている感じ。バイクのエンジンで言えば、4ストロークではなく、昔の2ストロークのようなシャープさ。それらがもたらす気持ちよさは、やはりロータリーならではだ。トップエンドまで回しきるたびに、「来たーッ!」と思う。

　カッコはスポーツカーだが、れっきとした4人乗り。観音開きの〝フリースタイルドア〟を持つ後席には、一応、大人がふたりちゃんと座れる。燃費は3・5リッターV6のフェアレディZより少し悪いが、スポーツカーとしての楽しさは上だ。類車なし。日本車のカタログにひっそりと並ぶスゴいクルマ。だが、2012年夏の生産中止が決定した。

アール・シー・ゼット【RCZ】

⇩車名「プジョーRCZ」
　フランス車のスタイリング番長。プジョー308ベースのスポーツ・クーペ。日本仕様は右ハンドルと左ハンドルの2タイプ。エンジンはともに1・6リッター直噴4気筒ターボだが、156馬力+6段ATの

RCZのスゴいルーフ

右ハンドルに対して、左ハンドルは日本初出の〝THP200〟、すなわち200馬力のハイプレッシャー・ターボ＋6段MTの組み合わせ。つまり本国仕様〝左のマニュアル〟。当然、そっちのほうがいいに決まっている。ヨーロッパでも、とくにフランス人やイタリア人は自分勝手なのだから、ラテンのクルマは本国仕様に限る。

車重は同じで、パワーは15％増しだから、200馬力モデルはスポーツ・クーペというよりもスポーツカーの速さ。排気系には「サウンド・システム」と呼ばれる快音発生機構が組み込まれ、エンジン音も歴然とイイ。

だが、ＲＣＺの最も大きな魅力は、スタイリングである。空気抵抗の小さい低い屋根と、キャビン頭上空間の確保という、ふたつの要素を両立させたダブルバブル・ルーフ。レース史に造詣が深くないと了解できないデザイン手法を、実用ハッチ派生のスポーツモデルにスッと取り入れるところがすごい。ルーフから滑らかにつながって、ふたコブに大きく湾曲したリアウィンドウは、夏場、光線の加減で陰影が強くなると、「暑さで溶けたのか!?」と見えるくらい衝撃的だ。これだけ曲がっていると、リアガラス越しの後方視界は歪む。トヨタはやらないはずだ。

３０８といえば、ゴルフ・クラスの量産実用ハッチである。そこから派生したモデルにこんな官能デザインを与える勇気とデザイン力に脱帽。

魅力がないとクルマは売れない。いちばんわかりやすいクルマの魅力は、カッコである。ヨーロッパのメーカーは、今でもそこを押さえている。カッコをあきらめたら、人はたちまちクルマから離れてゆく。

アイ・キュー
【iQ】

⇩車名「トヨタ・iＱ」

08年11月に登場した「マイクロ・プレミアムカー」。スマートに対するトヨタの回答ともいえる。エンジンは1リッター3気筒と1・3リッター4気筒。

◆

初代スマートの衝撃は「全長2・5m」にあったが、FFのiQは全長を3mにして、1・5人分のリアシートを与えた。小さい車も〝カイゼン〟でより大きくする。それじゃあ小さくなくなっちゃう、とはいえ、依然、軽自動車より40cm短い。その短躯に小型車の走行性能を詰め込んでいる。

出たての初代スマートは乗り心地の硬さや、変速機のシフトショックなどが批判されたが、iQはさすがにトヨタ製らしく、ソツがない。スタイリングも、虫っぽいスマートと違って、むしろカッコイイ。そこを見染められて、英国のアストン・マーティンからOEM供給を依頼された。アストンのフロントグリルと内装をもつiQ、〝シグネット〟で、まずはイギリスのアストン・オーナーから優先的に販売が始まるという。

iQで残念なのは、ダッシュボードやウエストラインが高いため、ボディ直近の視界が悪く、サイズ以上に大きなクルマに感じてしまうこと。マイクロサイズのわりに、あまり狭いところには行きたくないクルマである。新種の超小型車を運転するウキウキ感にも乏しい。しかしそれも、カッコよさのトレードオフか。

アイポッド【iPod】

アップル社の携帯音楽端末。

いちはやく音楽プレーヤーとして普及するようになると、専用コネクターを標準装備するクルマが輸入車を中心に増えてきた。コネクターがなくても、何千円かで買えるFMトランスミッターを使えば、iPodに限らず、たいていの携帯音楽プレーヤーの音源が車内で楽しめる。

◆

2005年に新車で買ったぼくのスマートは、標準装備がまだカセットプレーヤーだった。納車されてから気づいて動転したが、ほどなくiPod＋トランスミッターを愛用するようになり、なんの問題もなく過ごしている。たとえCDプレーヤーが標準だったとしても、iPodですませていると思う。手軽だからだ。FM波を使うため、ときどき雑音を拾うのが難点だが、もともと音質には執着がないので気にしない。標準装備のコネクターを使えばこうした問題はないが、繋いだ途端、iPodが壊れたというトラブルがまれにある。

いずれにしても、携帯音楽プレーヤーは車載オーディオのありかたを大きく変えた。12連装CDなんていう高価なものを付ける必要がなくなったのだ。古くは8トラック・プレーヤーに始まる車載プレーヤーも、ついに〝アウトソーシング〟の時代になったわけである。

アイミーブ【iMiEV】

⇩車名「三菱・i MiEV」

日本初の自家用EV。

2009年7月の発売開始から、アイミーブは2年間で40000台が売れた。アメリカはこれからだが、プジョーとシトロエンにOEM供給もしているヨーロッパではすでに8000台が出たという。

もともと軽自動車としては異例にオーバークォリティな〝i〟がベースなだけに、走行性能はほぼ満額回答の出来である。リアに搭載される3気筒エンジンが、静粛なモーターに変わったわけだから、走行品質もガソリンのiをはるかにしのぐ。運転の手応え足応えにも安っぽさはない。その意味ではベスト軽自動車といえるかも。

11年7月登場の最新型は、エネルギー回生の制御を見直すなどして、従来より約2割航続距離を伸ばした。JC08モードで180km。200kmの日産リーフに少しでも追いつこうという作戦だ。

一方、4割容量の少ない新電池を採用し、モーターの最高出力も47kWから30kWに落とし、装備を簡略化したエントリーモデルのMも出した。航続距離は120km（JC08

モード）に落ちるが、価格は180km版のG（380万円）より大幅プライスダウンの260万円。補助金を充当すると、188万円で買える。

　乗った感じは、それなりに廉価版である。パワーの差は体感できる。ガソリン車で言うと、Gが1・5リッターなら、Mは1・3リッターくらいの感じだ。回生ブレーキをより強力にしているためか、アクセルを戻した時の〝エンジンブレーキ感〟もGより強く感じる。そのため、Gほどの伸びやかな爽快感はない。

　この廉価モデルは急速充電機能もオプションにしている。付けてもプラス5万円ほどだが、260万円の素のままだと、100／200Vの〝家充電〟のみで使う、いわば「遠乗りはしませんせん仕様」である。

　航続距離160km（10・15モード）だったオリジナル・アイミーブの経験で言うと、安心して走れる現実的なレインジは80～100kmだった。Mはこれよりまた少しアシが短いかもしれないが、お使いぐるまならその程度で十分というユーザーは都市部などにたくさんいるだろう。急速充電器より、親戚や友達の家のコンセントのほうが頼りになるという使用環境も多いはずだ。いずれにしても、〝電欠〟には御用心。早くも廉価モデルが登場するとは、EVがまた一歩浸透したことを実感させる。

アクティブ・ハイブリッド・セブン【Active Hybrid 7】

⇩車名「BMWアクティブ・ハイブリッド7」

世界最速のハイブリッドVIPカー。

モーターや駆動用バッテリーなどのハイブリッド・ユニットをメルセデスと共同開発。ガソリン・ハイブリッド好きの日米市場で戦うという共通利益の下で手を結んだ呉越同舟のグリーン・フルサイズセダン。BMWのハイブリッド第一号として、Sクラス・ハイブリッドの1ヵ月後に国内発売された。◆

15kWの電動モーターをエンジンと変速機との間にインストールしたハイブリッド・システムは同じだが、アクティブ・ハイブリッド7（1280万円）の性格はSクラス・ハイブリッドとはおもしろいほど違う。

Sクラスのエンジンが3・5リッターV6であるのに対して、こちらは750i用の4・4リッターV8ツインターボを使い、しかも407馬力から449馬力にパワーアップしている。モーターと合わせると、なんと80kgmを超す特大トルクを受け止めるために、変速機も760i（V12）用の8段ATにバージョンアップした。

その結果、0－100km／h加速

は750・i（5・2秒）をしのぐ4・9秒。M3並みに速いハイブリッド・セダンである。

　たしかに発進加速は強力で、どんなに注意深くアクセルを踏んでも、のけぞるようなスタートをきる。少々やりすぎの感もあるが、まさにそのへんが〝アクティブ〟と銘打つゆえんか。

　ただし、449馬力エンジンに対して、モーターは20馬力に過ぎないから、ハイブリッド感は薄い。回生ブレーキでエネルギー（電気）を取り戻すという黒子に徹したモーターだが、その点、279馬力エンジンのSクラス・ハイブリッドは、中間加速でもモーターのアシスト感をもう少し感じることができる。

　同クラス車に同じハイブリッド・キットを使っても、これだけ違う乗り味に仕立てるところがおもしろい。パワーを抑えた分、CO_2排出量は219g／km対188g／kmと、メルセデスのほうが優秀。

アストン・マーティン【Aston Martin】

英国産スーパースポーツ専門メーカー。

　大は7・7リッターV12、小でも4・7リッターV8の大排気量スポーツカーのみを品ぞろえするイギリスの老舗ブランド。企業内平均燃費を下げるために、トヨタからiQの

アストン・ブランドのiQ

ＯＥＭ供給を受け、２０１１年からシグネットとして発売を開始した。06年までフォード傘下だったが、売却されて現在は複数の新しいオーナーに支えられている。会長は英国のレーシングカー製造会社〝プロドライブ〟のボスでもあるデイビッド・リチャーズ。90年代後半、スバルのＷＲＣ黄金期を支えた人物である。

【い】

イー・ティー・シー【ETC】

道路料金を取られる側が、取られるための装置を自分で買う。モノ言わぬ国民の国ならではの電子料金収受システム。〝Electronic Toll Collection〟の略。

◆

ＩＣチップを使った料金自動収受システムは海外にもあるが、何万円もする装置を利用者が購入し、しかもそれがクルマに固定されるというのは日本だけである。料金を払うのはＥＴＣカードの持ち主なのだから、せめてどんなクルマにも付けられて、取り外しのきくものになぜしなかったのか。クルマによる料金区分の識別は地上施設のほうでいくらでもできるはずである。

1車1装置固定にしたのは、クル

マが売れる限り機械が売れ、セットアップ料が取れて、さらにはそれを管理する役人の天下り先が確保できるためだろう。日本の公共事業というのはいつもそうである。最もお金のかかる機構や制度を採用し、そこに役人や政治家が乗っかって、金と権益を吸い上げる。

◆

たしかに、ノンストップで料金所を通過できるのはラクである。車高の低いスポーツカーでも、五十肩を痛くする心配は消えたし、車幅の広い左ハンドル車でも、車内でアクロバットを演じる必要がなくなった。休日上限1000円セールが終わっても、ETC限定の細々《こまごま》した割引は残っている。ポイントも貯まる。でも、そうした特典をありがたがるのは、ブン殴られてから撫でられて、喜んでいるようなものである。

イー・ブイ・ミニ・スポーツ【EV Mini Sport】

カッコEV。

スズキ系のモータースポーツ・ファクトリー、タジマ・モーターコーポレーションがつくったスポーツEV。

登録は原付ミニカー。定員1名というルールを逆手にとって、単座のフォーミュラカーふうにしたのが最大のミソ。空力規定の見直しで、最近とみにカッコわるくなったF1マ

シンよりカッコイイ!?

床下にバッテリーを置き、0・59kWのモーターで後輪を駆動する。乗ると、地を這う低さ。だが、ボディがしっかりしているので、不安感はない。最高時速60キロという原付ミニカーの縛りがあるため、パワーは大したことないが、スピード感は大したものだ。夢中でステアリングを握っていたら、昔、イギリスのスポーツカーと暮らしていたころを思い出した。

2010年モデルの価格は車両のみで208万円。エネルギー回生を行わないシンプルなEVで、航続距離はリチウム電池仕様で90㎞。電池は技術革新が激しいため、〝時価〟だという。

だが、EVにとって最も大切なことは、航続距離でも、価格でも、パワーでもない。それは買う気にさせる〝魅力〟である、という事実を教えてくれる1台。

いしはらとちじ【石原都知事】

黒いススを入れたペットボトルを振り回し、ディーゼル・エンジンの排ガスの有害性をアピールした東京都知事。

その後、ディーゼル排ガス規制にはターボがかかったが、十把ひとからげでディーゼルは悪者というイメージを日本人に植え付けた。得意の

EVフォーミュラカー

ディーゼル・モデルを日本に導入したかった欧州メーカーも出鼻をくじかれる。

しかし石原都知事のあの行動も、都民や国民の健康を思ってのことではなかったようだ。原発推進派として、太陽光発電や風力発電を「あんなもの」呼ばわりする。ディーゼルのススはダメだが、放射能はＯＫ。筋が通っていない。

いちごーきゅう
【159】

⇩車名「アルファロメオ159」

セダンでも、堅気じゃない。

日本でもヒットした156の後継モデル。モデルチェンジでボディサイズが大きく変わったクルマは、たいてい合従連衡の荒波にもまれている。GM傘下時代の2005年に登場した159も、先代156より26cm長く、7cmワイドになった。その分、「大きなファミリーセダン」として価値を高めた、と言っておこう。

4ドアボディは、相変わらず凡百のクルマを寄せつけないカッコよさだ。VWパサートやアウディA4はアリでも、もし目の前に159のタクシーが現れたら、仰天するだろう。それが159であり、アルファである。イタリアじゃ、あたりまえだけど。（だから、イタリアはいろんなものが堅気じゃない）

エンジンはいずれもGMの息がかかった2・2リッター4気筒と、3・2リッターV6。どちらもいまひとつ華がないのは残念。4気筒モデルに付く2ペダルの6段自動MT（セレスピード）は、変速マナーがもはや時代遅れだが、パドルシフトを使って前のめりに運転すれば、アラは目立たない。

いちシリーズ【1 series】

⇩車名「BMW1シリーズ」

世界唯一のFRコンパクトハッチ。2代目に切り替わったゴルフ級のBMWである。

BMWがPSAグループと共同開発した1・6リッター4気筒ターボをBMWブランドとしては初めて搭載する。ミニやプジョー／シトロエンでおなじみの直噴ユニットだが、後輪駆動のため、縦置きにして8段ATと組み合わせる。BMWの社是にのっとり、前後重量配分はほぼ50対50。横置きFFのミニ・クーパーSは63対37。120i（170馬力）でもクーパーS（184馬力）のパワーには及ばないが、爽やかな操縦性や上質な操舵感はさすがFRである。価格は200馬力のゴルフGTIと変わらない367万円。割高なのは〝FR代〟と考えよう。

狭くて堅かった旧型に比べると、室内はひと回り広くなり、乗り心地

BMW120i

もよくなった。新エンジンのおかげで燃費も向上し、136馬力の116i（308万円～）も含めて、全車エコカー減税をゲットした。ドライブモードを〝エコ〟にするとエンジンや変速機の制御が省燃費指向になり、今の運転なら航続距離がこれだけ伸びるというキロ数を〝ボーナスポイント〟として教えてくれる。

いちよんなな【147】

⇩車名「アルファロメオ147」

156と並んで、日本にアルファを根づかせた功労者。

デビューは2000年。実用コンパクト・ハッチがここまでやるか!?的に大胆なフロントグリル、キャブレターの吸気音を彷彿させるスポーティなさんざめきの2リッター4気筒などで、素人にも玄人にも人気を博す。アルファ・オリジナルのツインスパーク・エンジンを積む最後のモデルだったが、2010年に生産終了。「アルファはカッコとエンジン」の伝統を体現するクルマでもあった。

後継モデルはジュリエッタだが、カッコわるすぎ。

インサイト【Insight】

⇩車名「ホンダ・インサイト」

単月プリウス・イーター。

アルファ147

リーマンショックから5カ月後の2009年2月、新型プリウスに100日あまり先行して登場したホンダのハイブリッド。

インサイトの開発テーマは、低価格である。もともとローコストなCVT+ワン・モーター式（とトヨタのエンジニアは呼ぶ）ハイブリッドのシビック用1・3リッターユニットをベースに、モーターをデチューンするなどして、さらに安くつくった。

その結果、ベースグレードで189万円のお値打ち価格を実現する。今度で3代目を数えるプリウスが、「ハイブリッドだからといって、走りや快適性を犠牲にするようなことは、もういっさいしない」という気迫でつくられ、パワーユニットもボディも大型化したことを考えると、逆のアプローチをしたともいえる。

その意味で、プリウス・イーターをもくろんだホンダの誤算は、100日先に発売してしまったことかもしれない。クルマの価格は最後の最後に決める。後発のプリウスもスペックの差を考えると予想外の低価格（205万円〜）をつけた。さらにはトヨタ全販売店での取り扱いという荒技でインサイトの単月ベストセラー（09年5月）を翌月にはもぎとる。ホンダがフィット・ハイブリッドを出してからの〝インプリ対決〟は、プリウスの一人勝ちである。

だが、モーターをターボ的に使って、小さな高効率エンジンに一生懸命仕事をさせる。それが生む軽快な加速感や、よりクルマクルマした運転感覚は、プリウスにはない魅力である。

【う】

ウインド
【Wind】

⇩車名「ルノー・ウインド」

ナイスカー！

　トゥインゴ・ベースのコンパクトな2座オープンカー。ATモデルはつくっていないし、計画もないので、左ハンドル／マニュアルの本国仕様を思い切って入れたことにまず拍手。オープンカーだから、ウインド（風）。世界的に車名が底をついているいま、こんないい名前をルノーが持っていたことも驚きだ。

　2座タルガトップの小さな屋根を利用した電動オープン機構が特徴。ロックレバーを外して、ボタンを押すと、ルーフパネルが後方に180度反転し、トランクルームの上にある専用スペースに収納される。その間たったの12秒。パワーウィンドウのような手軽さで開け閉めがきく。ただし、ルーフパネルが垂直まで立ち上がるので、上空にはスペースが

いる。2段式リフトパーキングなどで見せびらかさないほうがいい。

エンジンはルノースポール・チューンの1・6リッター4気筒。といっても、所詮ノンターボの134馬力。同じエンジンの高性能トゥインゴより車重は70kg重いから、馬鹿力はない。足まわりにもとくに硬派の印象はない。でも、7000回転まで伸びるちょっと古めかしいエンジンを5段MTで操るのは楽しい。なにより左ハンドル／マニュアルの爽快なドライブフィールはかけがえがない。

ハッチバックのトゥインゴはあまりかわいくないが、このタルガボディはグッドデザインである。ルーフ

の収納スペースをトランクの上に設けなくてはいけないという事情を逆手にとって、まるでミドシップのようなフォルムにした。こういうウイットに富んだ、肩の力が抜けた遊びグルマをつくらせると、フランス人は本当にうまい。

見ても乗っても、好感度高し。値段も255万円とお手頃。個人的には21世紀これまでのベストカー。ヨメさんとこれでもう1回新婚旅行に行くのが夢である。

ヴェイロン

【Veyron】

⇩車名「ブガッティ・ヴェイロン16・4」

400キロ出ます。

戦前の高級フレンチ・ブランドを21世紀に甦らせたVWグループのスーパーカー。テーマは「時速400キロ」。そんなスピード、どこで出すのか、なんて質問はヤボである。市販車として、いまだかつてどんなクルマもなし得なかった未知のスピード領域へ踏み込む。すばらしく子どもじみたその夢を、ドイツの大メーカーが実現した。

カーボンモノコックの2座ボディにミドシップ・マウントされるエンジンは、4基のターボチャージャーを備える8リッター16気筒。時速407キロの最高速のために、なんと1001馬力のパワーを絞り出

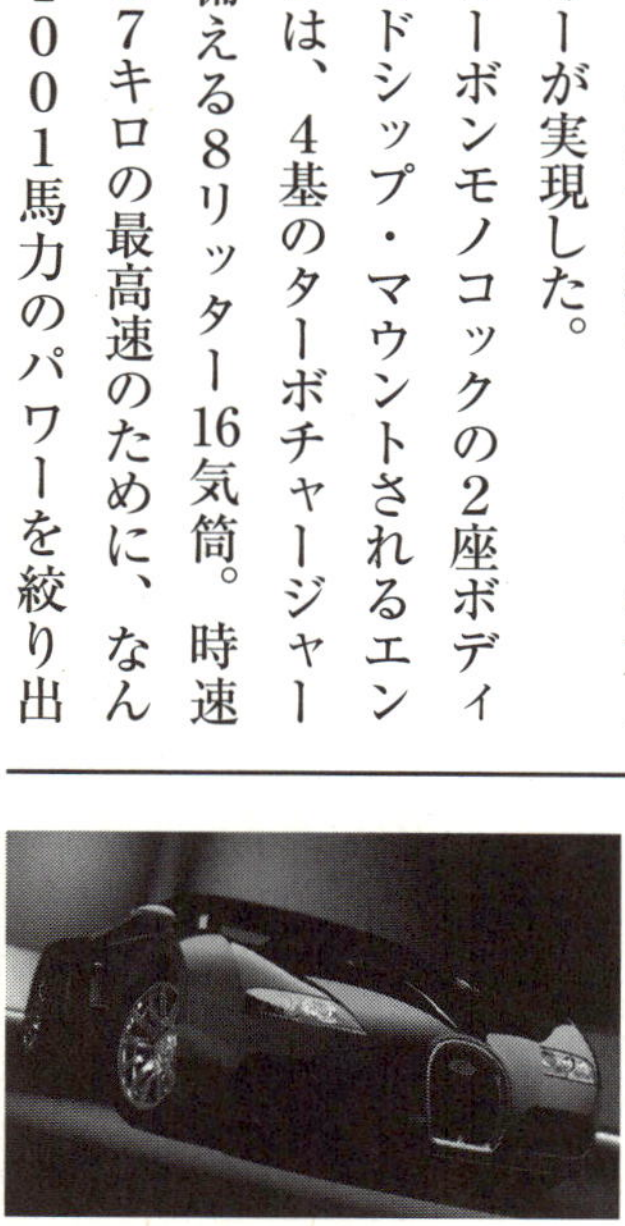

す。変速機はツインクラッチ式の7段DSGで、静止から100㎞／hまでわずか2・5秒、200㎞／hにも7秒あまりで到達する。

一方、ブレーキ性能もスゴイ。100㎞／hからわずか2・2秒で停止できる。つまり5秒以内で時速100キロを行って帰ってこられる。

ただし、最高速にはカギがかかっている。エンジンをかけてアクセルを踏み続けても、375㎞／hまでしか出ない。遅いなあと思ったら、一旦、クルマを止め、サイドシルにあるスロットに専用キーを差し込み、ボディの空力特性を〝トップスピード・モード〟に切り替える。最高速での燃費はリッター1・2㎞。満タンで走り出しても、100リットル近く入る燃料タンクは12分で空になる。日本でのお値段は消費税込み1億7900万円より。

【え】

エー・セブン【A7】

⇩車名「アウディA7スポーツバック3・0TFSIクワトロ」

耽美派高級5ドア・ハッチバック。とも言うべきA6ベースの大型パーソナルカー。A5スポーツバックの兄貴。直接のライバルはメルセデス

CLSだろう。

全長5mのフルサイズだが、パワーユニットはスーパーチャージャー付きの3リッターV6。本国でもガソリンモデルはこのエンジンがいちばん大きい。

走りはシルクのように滑らか。とくに動き出しから加速してゆくときの高級なスムースさは、V8エンジンのA8以上である。3リッターでもパワーは300馬力ある。スーパーチャージャー・ユニットらしく、低回転域から厚みのあるトルクを生産する一方、トップエンドまで衰えない回転の軽やかさは、ほどほどに小さいエンジンならでは。穏やかな加速も速い加速も両方キモチいい。

メーカー自ら「4ドアクーペ」と謳うとおり、後席はフルサイズ・セダンのようには広くない。とくに天井には圧迫感がある。このサイズでリアシート優先ではないのだから、贅沢なクルマである。ただし、4WDが付いて、価格（879万円）はメルセデスCLSより安い。

それにしても、こうした高級リゾートカー的な新型を次々に出すのは、やはり中国マーケットあってのことだろうか。ニッチカー市場のニッチ（隙間）がデッカイ。謝謝。

エー・ワン【A1】

⇩車名「アウディA1」

いちばん小さな、いちばん安いアウディ。なのに、いちばんお洒落なアウディである。

最大のポイントは、コントラスト・ルーフと呼ばれる化粧屋根。フロントピラーからルーフを経てリアピラーまで、上屋《うわや》のサイドエッジをアーチ状に塗り分ける。こんなに凝ったカラリング・デザインをアウディがやるのは初めてである。ミニやフィアット500のような、ナツメロ・カバーに走らなかったところは理科系のアウディらしいが、それで成功したライバルと戦うためのお洒落大作戦である。

ボディは3ドアハッチバックだが、プラットフォーム（車台）はVWポロと同じ。しかしエンジンは1・4リッターターボと、ひとまわり大きく、〝乗り味〟もよりプレミアムに仕立てられている。ポロにないアイドリング・ストップ機構も付くが、発進時の再始動で軽いショックが出るのは、ややプレミアムにキズ。

エクストレイル・ディーゼル【X-TRAIL Diesel】

⇩車名「日産エクストレイル20GT」

最良の国産ディーゼル車。

国産ベストセラーSUVの意地にかけて、09年秋施行の世界一厳しいディーゼル排ガス規制〝ポスト新長期〟を一番乗りでパスしたエクストレイルのディーゼル・モデル。ルノ

エクストレイル・ディーゼル

アウディA1

ーと共同開発したエンジンは、2リッター4気筒のコモンレール・ディーゼルターボ。当初はMTのみだったが、のちに待望のATが加わる。

だが、全体にモッサリした印象が強くなるATモデルよりMTのほうがはるかに楽しい。ディーゼルのくせに、回すと気持ちのいいエンジンなのに、ATだと早め早めにシフトアップしてしまう。低回転でのウリウリしたディーゼルっぽさにさらされる時間も増えるから、クルマ好きには文句なしにMTがお薦め。

ガソリンモデルにもない〝GT〟の名を背負うだけあって、動力性能は2リッター・ガソリンのエクストレイルにひけをとらない。173馬力のパワーもシリーズ最強だ。

燃料コストは、2リッター・ガソリンモデルよりも3割弱安くアガる。価格(308・7万円)は約70万円アップだが。ガンガン走り、長く所有することで高いイニシャルコストを取り返す。そのへんは今も変わらないディーゼル車の正しい使用法である。

エス・エル・アール・マクラーレン
【SLR Mclaren】

⇩車名「メルセデスベンツSLRマクラーレン」
最初で最後のナンバー付きマクラーレン・メルセデス?

2003年から09年にかけて、イギリスのマクラーレン社でつくられた超ド級メルセデス。マクラーレン製のカーボン・モノコックに、626馬力のAMG製5・5リッターV8スーパーチャージャーを組み合わせる。07年にはオープン・ボディの〝ロードスター〟が加わる。

◆

2008年の正月に、半日だけロードスターに乗るチャンスがあった。クーペより1000万円高い7000万円也。626馬力も試乗史上最高記録。スゴイお年玉だった。

しかし、走り出した第一印象は、予想以上にフツーだった。変速機はパドルシフト付きの5段AT。若葉マークのドライバーが運転するというなら、長いノーズに御用心とアドバイスはするが、止めはしない。

とはいうものの、硬いカーボンモノコックにマウントされたエンジンの存在感はタダゴトではない。信号で止まると、ボンネットのエア・ダクトから陽炎《かげろう》が昇り、向こうの景色を歪ませる。ひとつガッカリしたのはエンジン音で、7000回転のレッドゾーン近くまで回しても、ドゥルドゥルいう〝低い音〟である。ま、マクラーレン・フェラーリじゃないから仕方ない。

高速道路が空いてきたのを見計らって、100㎞／hからDレインジのままフル加速した。大砲に撃ち

クーペ

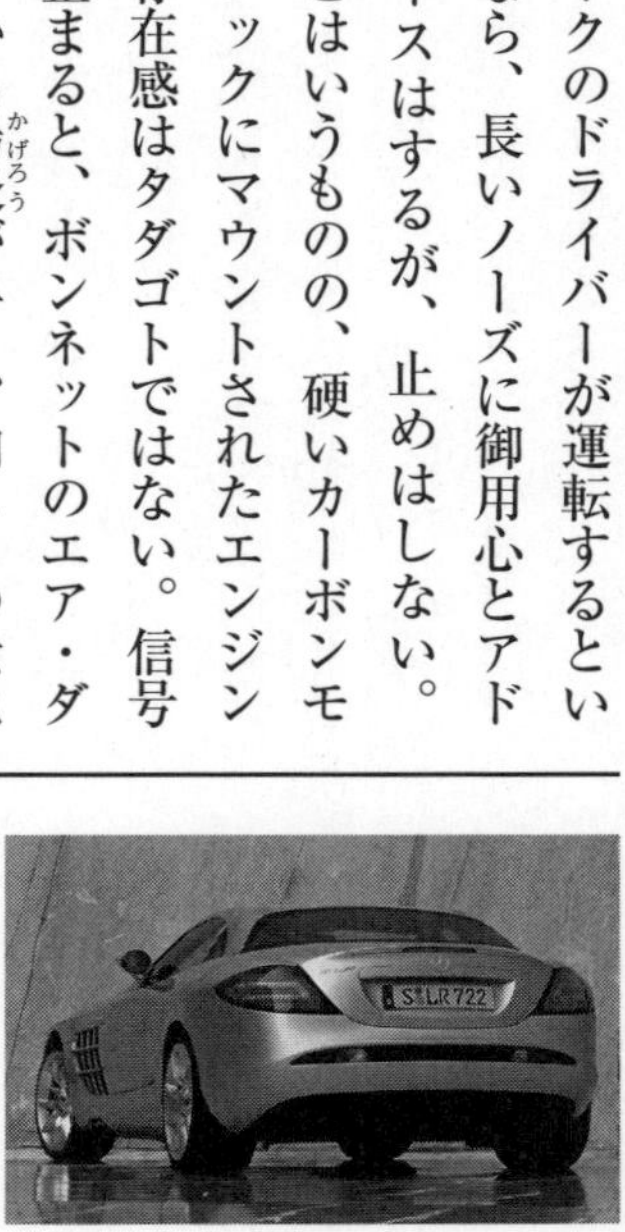

出されたような加速である。車重1825kgのロードスターはクーペより115kg重いので、その分遅いが、それでも0－100km／hは依然、3秒台後半。ウサイン・ボルトと同時にダッシュすると、向こうが100mのゴールテープをきるころに、こっちは時速200キロに近づく。速いんだか遅いんだかよくわからない比喩だが、どっちも速い。

いつものワインディングロードを走ると、SLRロードスターは、安定のカタマリだった。「道路が遅い」ことを痛感する。

ただ、パワーステアリングの操舵力は重すぎる。全長は5ナンバー枠内だが、ドライバーの顔からノーズ先端までは3mある。極端な〝後ろ乗り〟レイアウトもファン・トゥ・ドライブを阻害する。箱庭サイズのワインディングロードだと、さながら小人の国に迷い込んだガリバーの気分である。しかし、そんなことも含めて、ひとくちに途方もないクルマだった。

F1の2010年シーズンを前に、マクラーレンはメルセデスとの資本提携を解消する方針を明らかにした。その後、メルセデスは傘下のAMG主体で「ガルウイング復活」のSLSを完成させた。一方、マクラーレンは2011年に、独自開発で新しいスーパーカー（MP4－12C）をデビューさせた。公道を走れ

ロードスター

るマクラーレン・メルセデスはこれで見納めかもしれない。

エス・エル・エス【SLS】

⇩車名「メルセデスSLS・AMG」

復活ガルウイング。

自動車メーカーにとって未来は大切だが、とくにダイムラーAGのようなメーカーにとっては〝過去〟もまた大切だ。1952年の〝300SL〟にオマージュを捧げたスーパー・メルセデス。ダイムラーAG傘下のAMGが、エンジン・チューニングだけでなく、車両開発段階からイニシアチブをとっている。

ボディ全幅は1940㎜もある。コクピットもハマーのように幅広で、しかも極端なロングノーズだから、メルセデスのくせに視界がよくない。だが走り出すと、フットワークは予想外に軽い。ステアリングもこれがメルセデスかと思うほど、軽い。価格と車幅にビビりながら、初めて夕暮れの都内をスタートしたとき、なにより救われたのは、こうした乗り味や操作力の軽さがもたらす安心感だった。2490万円のスーパー・メルセデスなのに、ドテッとした大仰さがないのである。

571馬力の6・2リッターV8はトルクの塊。町なかだとせいぜい1500回転前後で仕事をすませてしまう。4000回転なんて回した

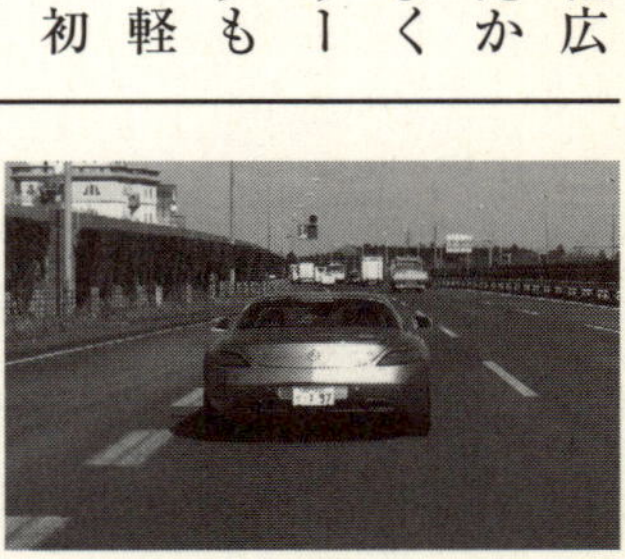

ガルウイングを閉じても大迫力

ら、尋常ならざる加速に見舞われるから、〝回して楽しむ〟エンジンとはいえない。トランス・アクスル、すなわちデフと一体化された変速機のメカ音なのか、停車直前の減速時に白バイのサイレンのような音が後方からかすかに聴こえるのも、飛ばしゴコロを萎えさせる。

このクルマの性能を公道で使いきるなど、もとより無理な相談だが、行きつけのワインディングロードでスポーティに走らせても、身のこなしのかろやかさは印象的だ。軽量アルミフレームを採用しても1710kgあるクルマをライトウェイト・スポーツカーとは言わないが、最もヒラヒラ感が味わえるメルセデスと言

ってもいいと思う。
ただし、復活ガルウイング・ドアは、全開にすると高さ1・8mまで羽を広げるので御用心。ウチのガレージで開けようとしたら、梁《はり》に当たりそうになって、肝を冷やす。いちばん300SLっぽく見える試乗車の特注シルバーは、それだけで150万円しますから。

エス・クラス
【S class】

⇩車名「メルセデスベンツSクラス」

最も大きなメルセデスのセダン。

谷川岳の麓の国道沿いに「土合《どあい》山の家」という大きな山小屋がある。1泊7000円台でだれでも泊まれるが、宿泊客のほとんどは登山客である。上越線の工事関係者の子どもたちが通う学校の校舎を国鉄から譲り受け、開業したのは鉄道の開通と同じ昭和6年。2011年で80周年を迎えた。谷川岳登山の歴史と共に歩んできた宿である。

建物は古いが、手入れは行き届き、清潔だ。夕食には必ずズワイガニが出る。なんでこんな山の中で、と思って食べると、これがうまい。ここ20年来の人気メニューだという。

遭難者の数でみると、谷川岳は世界で最も危険な山である。最近も数年前、宿までクルマでやってきた4人のパーティが一の倉沢で雪崩に遭い、ふたりが亡くなった。昭和30〜

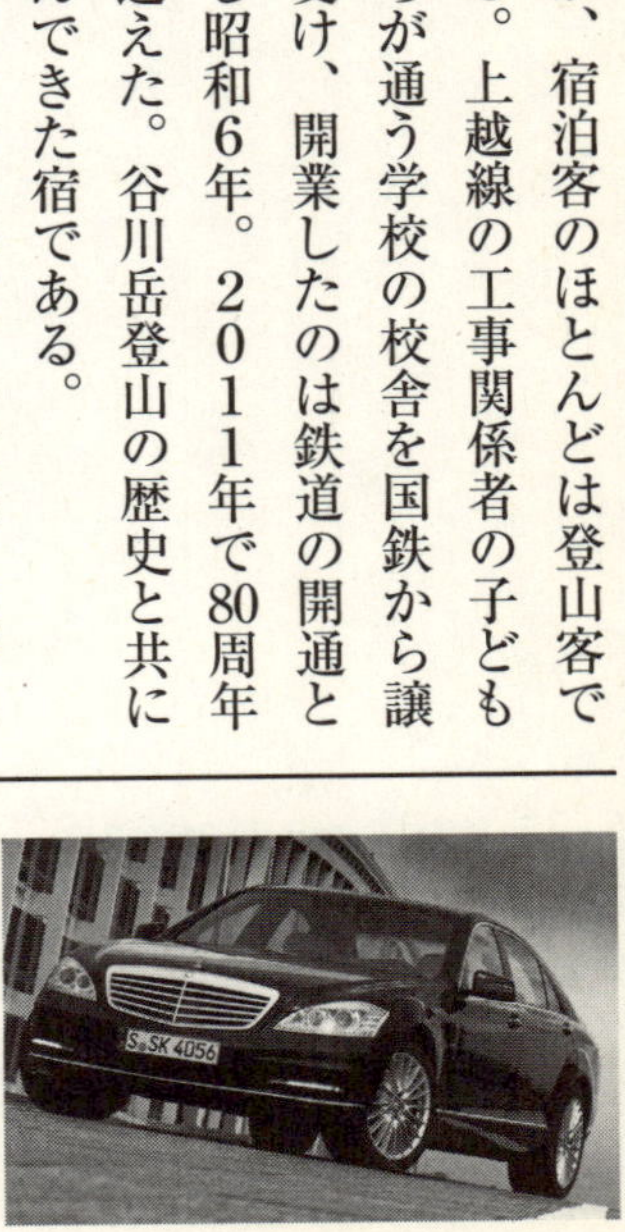

いちばん大きなベンツ

40年代の登山ブームのころは、ひどいときだと毎週のように捜索の基地になった。「そりゃ、大変でしたよ」と二代目の女将《おかみ》さんは振り返る。

上越新幹線が出来て以来、すっかりローカル線に堕ちてしまった上越線は、土合駅に1日5往復しか来ない。このあたり、どこへ行くにもクルマがいる。

谷川岳のヌシのような御主人は、実はクルマ好きで、長年、メルセデスSクラスに乗っている。「やっぱり安全でしょ」と言う女将さんも運転歴45年だが、つい最近、愛車の国産コンパクトカーを運転中、凍結したトンネルの中でスピンして以来、ハンドルを握るのをやめた。その後はもっぱらSクラスの助手席である。山小屋とベンツ。不釣り合いに聞こえるが、この熟年夫婦にSクラスはとてもよく似合っている。

エス・クラス・ハイブリッド【S class Hybrid】

⇩車名「メルセデスベンツSクラス・ハイブリッド・ロング」

「エスクラスもげんぜぃ！」

輸入車ハイブリッド第一号。燃焼システムを見直した279馬力の3・5リッターV6エンジンに、15kW（20馬力）のコンパクトな電動モーターを組み合わせる。アイドリング・ストップ機構はあるが、トヨタ式ハイブリッドのようにモーターだけで走ることはない。

パワーユニットの印象は普通のエンジンとそれほど変わらない。モーターの出力が小さいため、フル加速時の〝電動アシスト感〟はそれほど顕著ではない。アイドリングストップに入れば、「あ、エコカーなんだ」と実感するが、もともとSクラスは静かだから、掌を返したような違いはない。だが、Sクラスの顧客層を考えれば、そうした普通さが大切なのだろう。

弱点はブレーキだ。停止直前の制動力がもの足りない。回生ブレーキを持つクルマは、油圧ブレーキとの協調制御がむずかしい。出たての初代プリウスは、止まる直前にブレーキが食いつきすぎて不評を買ったが、Sクラス・ハイブリッドはもっと食いついてほしい。

モーターが小さいので、リチウムイオン電池の容量も小さい。当然、減りも早いし、回復も早い。充電量がパーセンタイルの数字で表示されるのは親切だ。峠の下りなどで100%に回復すると、100点満点みたいでうれしい。

まったく〝エコラン運転〟など心がけずに約220kmを走って、燃費は8km/ℓ台だった。S350に比べてそれほど大きなアドバンテージがあるとは思えないが、1400万円のクルマが買える層には大した問題ではないだろう。

Sクラス・ハイブリッド

こんな時代にSクラスを買う。「でも、ハイブリッドだよ」と言えるSクラスである。

エス・フォー
【S4】

⇩車名「アウディS4」

A4ファミリーのトップガン。

エンジンは333馬力の3リッターV6スーパーチャージャー。変速機はツインクラッチ式の7段Sトロニック。速いエンジンと速いギアボックスのコンビで、1・8tのヘビーウエイトを感じさせない。0-100㎞/hは5・3秒。ポルシェ・ケイマンSを右足だけで本気にさせる4ドアセダンである。

ワインディングロードでも電撃的に速い。クワトロ・システムのリアデフには、旋回中、外輪を増速させてコーナリング性能を高める〝リア・スポーツ・ディファレンシャル〟が装備されている。そのせいか、重量級四駆とは思えぬほど軽く曲がり、よく曲がる。

しかも、これだけ高性能なのに、ドライバーに疎外感を与えず、イヤな汗をかかせないところがS4の魅力である。

競技車両的な刺激は、今のBMW・M3よりある。その点だともっとスゴイ日産GT-RにS4ほどの快適性はない。アウディは安くないが、S4（791万円）は高くない。

アウディS4

エックス・ジェイ【XJ】

⇩車名「ジャガーXJ」

歴史的大英断。

1968年以来の美しい〝XJスタイル〟を捨てて、まったく新しいデザインに生まれ変わったジャガーのフラッグシップセダン。デビューは2009年夏。親会社がフォードからインドのタタ・モータースに代わったのはその1年前。開発はフォード傘下時代に行われた。

フロントの印象は、先発のXFに似るが、ファストバック・クーペのような後半部のデザインは別物。なによりこちらはアルミボディで、5・1mを超える全長はXFより15㎝長いのに、車重は10㎏軽い。

軽量設計はダテではない。乗ってみると、新型XJの魅力は動きの軽さである。このガタイにして0－100㎞／h＝5・7秒という加速データも大したものだが、走り出した瞬間から独特の軽快感がある。スッと動くし、ブレーキもかるく効く。およそズデンとしていない。「動けるVIPサルーン」である。アルミボディの軽さを実際の走行感覚にもつなげた好例だ。

エンジンは385馬力の5リッターV8。ふだんは静かで余裕しゃくしゃくだが、いつでもスポーツサルーンに変身可。パドルでシフトダウ

ンを命じると、ブリッパー機能をもつ6段ATがカッコよくも素早い回転合わせをやってのける。史上もっとも運動神経のいいXJである。

　それでいながら、ジャガーXJならではのセンシブルなやさしさは健在だ。外観同様、イメージを一新した室内は、高級とか豪華とかいう以前に、なにより居心地がいい。

　昔からXJに乗ると、なぜか路上でいつもより多めに譲ってしまう。不思議だ。バックするために車内で後ろを振り返ると、リアシートに座っている人も振り返る、というのと同じくらい不思議である。でも、クルマ全体から醸し出される「競争はおよしよ」的なキャラクターは、今度も変わっていない。それがいちばんいいところである。

エックス・ワン【X1】

⇩車名「BMW・X1」

BMWのセダン離れ。

セダンの売れない日本で、例外はドイツ車だけ。BMWとメルセデスとアウディが日本のセダン需要を賄《まかな》っている。そう思っていたら、今後、BMWは日本でもセダン離れを加速させそうだ。

　X1は、X5、X3、X6に続く4番目のXラインである。車台は3シリーズ・ベースだが、X3よりボディもエンジンも小さい。というハ

ードの位置づけよりも、BMWのエントリーモデル的な立ち位置に意味がある。

BMWの4WDシステムは〝XDrive〟と呼ばれているから、Xシリーズもそのxだと理解していたが、X1の2リッターモデルは二駆である。ボディ全高はX3より13cm低く、日本の立体駐車場に入る。じゃあ、3シリーズ・ワゴンの2リッターとどう違うのかというと、向こうはよりパワフルでクリーンな直噴エンジンをもつ。

いちばん安いX1（363万円）は最廉価の320iセダンより70万円安い。でも、320iに比べると、価格相応にコクがない。〝安くつくった感じ〟がわかってしまうのが少々残念である。クルマ好きのエントリーBMWなら、1シリーズのほうがお薦め。

エフ・ジェイ・クルーザー【FJ Cruiser】

いちばん楽しげなトヨタ車。

⇩車名「トヨタFJクルーザー」

初代ランドクルーザーのデザイン・アイコンを散りばめたコンセプトカーとして2003年のシカゴショーで初お披露目。そこでの好評を受けて、06年から北米で販売されていた。日本にも目ざとい並行業者が逆輸入していたが、10年末からトヨタが右ハンドル日本仕様の販売を開始

した。なんでもっと早く出さないんでしょう。東京の羽村市でつくっているのに。

乗っても楽しい。横長だが低い上屋、切り立ったフロントピラーなど、前席の居住まいはハマーっぽい。乗り込んだだけで非日常のホリデイ気分に浸れる。4リッターV6エンジンはアメリカンV8のような余裕を感じさせる。当たりの柔らかな乗り心地は国産SUVで最も快適かもしれない。

観音開きドアが付く後席は、一度乗ると、ひとりでは降りられないつくりだが、デザインカーだから大目にみよう。

エムサン【M3】

⇩車名「BMW・M3コンペティション」

BMW大吟醸。

85年に登場したM3シリーズの25周年記念モデル。M3クーペに19インチ・ホイールやカーボンパーツなどの新しいパッケージ・オプションを加えた。1213万円といえば、ポルシェ911カレラのPDKが射程に入る価格だが、走り出すなりナットクする。これは史上最良のM3である。

コンペティションという名前から、よりレーシングライクな味つけを想像していたら、大間違い。スポ

ーツ・プレミアム性を高めた現行M3をさらにその方向性で磨きあげたのがこのクルマだ。

19インチ化の効果か、〝バネ下〟がいっそう軽く感じられる。ノーマルM3よりさらに赤身の筋肉が増しているのに、もともとよかった乗り心地もさらに向上している。すばらしい脚である。

行きつけのワインディングロードで可能な限り速く走ってみた。日産GT－Rとの比較で感心するのは、これがタダのFRであること。二駆でいいんじゃん！

7段のMDCT（M・ダブル・クラッチ・トランスミッション）も、GT－Rの6段ツインクラッチ変速機とは好対照だ。レーシーな変速音やショックを隠しきろうとしないGT－Rに対して、こちらは見事に洗練されている。ガチャガチャしたメカメカしさとは無縁。シフトダウン時の自動回転合わせも控えめで、一段落としくらいではエンジン音も高まらない。

420馬力の4リッターV8に変更はないはずだが、エンジンも今までいちばん好印象だった。これまではアメリカンV8的なズロロロしたビートがあり、それがM3っぽくなくて気に入らなかったが、コンペティションにはない。4リッターもあるのに、8000回転以上まで回せば回すほどコンパクト感が増すシ

ビれるV8だ。撮影でちょっと移動するとき、クルマのそばにいると、回転が上がった拍子にグランプリ・バイクみたいな乾いたエンジン音がした。

ただし、ついにM3にも付いたアイドリング・ストップ機構にはシビれない。発進の再始動時にいちいち〝プルルル〟くらいのタイムラグを伴う。0-100km/h＝4・8秒のロケット・クーペが、スタートでこんなにつまずいてはいけない。

その1点を除くと、M3コンペティションは非の打ちどころのないクルマである。25年間、磨きに磨いたM3の集大成だ。

エリーゼ【Elise】

⇩車名「ロータス・エリーゼ」

ファン・トゥ・ドライブ世界一。

自社生産するのはシャシーとボディまで。多大な投資を要するエンジン、変速機などは量産メーカーからの外部調達ですませる。それでもクルマづくりのコンセプトが明解なので、大メーカーには真似できないファンカーが生まれる。1950〜60年代のイギリスに多く現れたバックヤードビルダー（裏庭製作所）の伝統を今に伝えるロータスのライトウエイト・スポーツカー。

96年に登場し、現行モデルは2002年以来のシリーズⅡにあたる。

ベートーベンの「エリーゼのために」が有名なため、日本ではセが濁るが、イギリス人は「エリース」と発音する。

それまでエンジンの供給を受けてきたローバー社の経営が傾き、2004年からパワーユニットはトヨタ製に切り替わった。英国純血が失われたことを惜しむ声もあったが、クルマはびくともしなかった。エリーゼの〝魂〟はアルミパネルを接着剤で組み上げた軽量なバスタブ型フレームにあるからだ。

エアコンなしだったシリーズⅠの700kg台からは重くなったものの、それでもシリーズⅡの最新型で車重は890〜910kg。ドライビングの入力に対して間髪を入れぬ反応の鋭さや、〝地面感〟にあふれる刺激的な乗り心地など、エリーゼ特有のキャラクターは、この軽量フレームのおかげである。

ミドシップされるエンジンは、1・6リッターから1・8リッター・スーパーチャージャー付きまであるが、主役はフレームなので、136馬力の1・6リッターモデル（510万円）で十分。自前でもっと深くエンジンづくりにコミットしていた1960年代、〝Lotus〟とは〝Lots of trouble usually serious〟（トラブルのカタマリ、たいていは深刻）の略だと言われていた。それが今は日本製なのだから万々歳である。

アルミ剥き出しの室内

【お】

オペル
【OPEL】

2006年限りで日本市場から撤退したGM系ドイツ・メーカー。

日本でのオペル販売が過去最高を記録したのは96年。実に年間3万8000台も売れた。メーカーの直接進出に伴い、VWアウディの輸入権を取り上げられ、93年からオペルに鞍替えしたヤナセが、メンツを賭けて必死に売ったからである。

しかし、オペルの輸入権も2000年にGMジャパンに移管される。輸入権を持つインポーターと、単なるディーラーとでは、商売上のうまみも社会的なプレゼンスもまるで違う。輸入車界の名士、ヤナセのモチベーションは途端に下がり、販売台数は急降下。05年には1800台にまで落ち込んでいた。日本市場からの離脱は、不採算部門を切り捨てるという、GMの世界的なリストラ策の一環だった。

ヤナセが台数を売っていたころのオペルは、乗ると大味な、なんとも田舎くさいクルマだった。皮肉にもその後、急速にクォリティが上がり、04年にモデルチェンジしたアストラなどはライバルのゴルフよりよかっ

今のオペルはこんなにカッコイイ

た。日本での最後のオペルになった〝ザフィーラ〟もドイツ車らしい質実剛健さを備えるカッチリしたコンパクト・ミニバンだった。それだけに、日本市場でも最古参に属する輸入車銘柄の撤退は惜しまれる。

オロチ【大蛇】

⇩車名「ミツオカ・オロチ」

「ファッション・スーパーカー」を謳う大型ミドシップ・スポーツカー。2001年の東京モーターショーに登場して以来、光岡自動車のトップモデルに君臨する。

◆

全幅2m超のFRPボディを剥がすと、スチールパイプで組んだスペースフレームが現れる。中古のフェラーリ512TRを購入し、徹底的にバラして研究した労作だという。前後ダブルウイッシュボーンのサスペンションもオリジナルだ。

エンジンは輸出用トヨタ・クルーガーの3・3リッターV6。ステアリングやブレーキなどの機能部品も可能な限り国産車用を流用する。

ノーマルのV6は233馬力。こう見えても、パワー・トゥ・ウェイトレシオ（馬力荷重）はマツダ・ロードスターよりちょっと落ちるので、鎌首をもたげて加速するような獰猛さはない。フェラーリやランボルギーニより稀少なクルマとあって、高速道路を試乗中、運転しながら写メを撮る〝追っかけ〟に遭遇したが、Dレインジでフル加速しても、そのプリウスをブッちぎることはできなかった。

そのかわり、エンジンはすぐ後ろにあるとは思えないほど静かだ。車高は低いが、サスペンションはやわらかい。

革の芳香が鼻をくすぐる2座コクピットは横にたっぷり広く、リラックスできる。直近の視界が悪いことを除けば、運転はしやすい。〝ドライビング〟より〝ドライブ〟という言葉が似合う。ドライブに行きたくなるスーパーカーである。

最近、フェラーリやランボに試乗していると、まわりから微妙にイヤーな視線を感じることがままある。そこまでではなくても、見て見ぬふり、のような。

しかし、オロチに注がれる視線はどこへ行ってもまちがいなく温かかった。老いも若きもたいていニッコリ、ウェルカムな表情で迎えてくれる。ボディには、どこか神社仏閣の造形に似たデザイン処理が散りばめられている。ひとめ見て「洋モノではないな」という。そういう〝和〟のオーラが、ギャラリーの気持ちを和ませるのではないか。

日本一小さな自動車メーカーが丹精込めてつくる和風スーパーカーは、1050万円也。

和風です

【か】

カーシェアリング
【car sharing】

クルマ好きがやることではない。

カーナビ
【car navigation】

今や付いているのが、付けるのがあたりまえになった自動車装備品。

20年前に書いた自動車事典には「一部の国産車に導入されている自動車用電子航法装置のこと」と説明した。項目名も「ナビゲーション・システム」とした。「カーナビ」とカルく呼ばれるようになったことが、すっかり定着した証である。

カーオーディオ同様、後付け品は簡便化が進み、手軽に脱着できるポータブル・カーナビですませる人が増えつつある。携帯電話のアプリケーションでも用が足せるようになってきた。一方、純正品は音声入力などの高機能化が進んでいる。

◆

クラウンの試乗車で都心の山手通りから青山通りへ入ろうとしたとき、ループの坂を一気に登ろうとしたら、突然、「この先、一時停止があります」とカーナビ子さんが言った。ブレーキを踏むと、すぐに「止

まれ」の標識と停止線が現れた。歩道の切れた向こうで、白バイが見張っていた。ありがたかった。

行きたい先の電話番号を入れると、相手の名称が出て、ガイドが始まる。最新のカーナビは、右左折箇所までの距離をカウントダウンをしてくれたり、入っちゃいけない右折レーンを教えてくれたりと、至れり尽くせりだ。中央道の相模湖インター付近を走っているのに、相模湖の湖上を渡っていることになっていた20年前のものとは大違いである。

願わくば、もうそろそろ「目的地周辺です」はやめてもらいたい。新しいビジネスビル街区にある会社に行きたいときなど、そのひとことで放り出されると、悲嘆にくれる。行きたいのは〝周辺〟じゃなく、電話番号の目的地なのだ！

カイエン【Cayenne】

⇩車名「ポルシェ・カイエン」

ポルシェのSUV。 だが、「SUVでもポルシェ」かどうか。

VW（トゥアレグ）との共同開発で02年に登場。SUV王国のアメリカで大成功を収める。08年のリーマン・ショックで米国での快走は失速したが、かわって富裕層の広がる新興経済国が成長マーケットに。なかでもロシアでは、ポルシェといえばカイエンを指すほどの人気を誇る。

道が悪かったり、凍ってたりしたら、そりゃどう考えたって911よりカイエンだろう。

VW製のV6もあるが、看板はポルシェのV8ターボ搭載モデル。車重2・2t超の巨漢でも、911のように速い。けれども、911のように楽しくはない。

かいせいブレーキ【回生ブレーキ】

エネルギーを「返せーブレーキ」のこと。

クルマはせっかく加速してスピードを出しても、また止まらないといけない。自転車だとよくわかるが、ブレーキをかけると、摩擦でブレーキのシューが熱くなる。速度のエネルギーを熱エネルギーに変えて、逃がしているのだ。

この減速時に発生するエネルギーをEVやハイブリッド車は電気として取り返せる。駆動力を出すのが電動モーターの仕事だが、逆にタイヤのほうから強制的に回されると「発電する」という大変ありがたい性質がモーターにはあるからだ。しかも、そのときの回転抵抗がクルマを減速させる。ブレーキまでかかって、電気もつくってくれるという一挙両得が回生ブレーキである。電車の回生ブレーキは、取り返した電気を架線に戻すが、クルマの場合は、もちろんバッテリーに戻す。

ポルシェのSUV

市販のEVやハイブリッド車は、通常の機械式ブレーキと回生ブレーキを協調させて制動する。プリウスの設計者に、どうしたら最高の燃費が出せるかと質問したら、コツはブレーキングだった。

たとえば、前方の信号が赤に変わって、止まらなくてはならない。そうしたら、かるーくブレーキペダルに足を載せて、できるだけ長く回生ブレーキだけで減速する。停止線がいよいよ近づいたら、強くペダルを踏んで、機械式ブレーキで一気に制動する。安全や快適性のためにはお薦めできないが、理論的にはそれが最も ガメつく電気を回収する方法とのことだった。

ガソリンかかく【ガソリン価格】

原油価格が上がるとすぐ上がるのに、下がってもなかなか下がらない価格。経済用語では「価格の下方硬直性」というらしい。ガソリン価格の値下がりは、もっぱら販売店の過当競争による捨て身の努力で実施される。そのため、円高で元売りが莫大な利益を上げても、販売店の店じまいはあとを絶たない。

がっしゅく めんきょ【合宿免許】

〝通い〟ではなく、合宿で短期に運転免許を取得すること。利用する

元ガソリンスタンド

のは、長い休みのとれる学生が主で、鬼の教官にビシバシしごかれる。なんていうイメージは、とっくに過去のものである。

大学生の息子が09年の夏休みに免許をとった。音楽サークルの仲間6人で、山形の免許合宿に参加したのである。都市部の大学生協にパイプを持ち、合宿免許を売りにする教習所が地方には多くあるらしい。教習開始早々、教官に諭され、自分自身でも「ムリ」と判断し、急遽、MTコースからAT限定に寝返るというハプニングもあったが、なんとか予定通り16日間で卒業して帰ってきた。

若者のクルマ離れを止めたいなら、その入口のコスト、先進国のなかでもベラボウに高い免許取得費用をまず下げるべきだと思っていたが、話を聞くと、いまや自動車学校の努力も涙ぐましいほどである。

29万円の料金には、民宿の宿泊代も含め、卒業までの一切合切が含まれている。東京駅からの新幹線代もほぼ全額出る。往きは立て替えさせて、卒業時に往復分を渡すというから、「帰りのお小遣い」的な効果も狙っているのだろう。

きわめつけは、息子たちがまさにここを選んだ理由そのものだ。この自動車学校には、タダで使える音楽スタジオが併設されているのである。新しいグループが入校すると、

すでにいる教習生らが歓迎演奏会を開いたりもするらしい。当然、息子もギターを背負って出かけた。サークルの合宿へ行くのと同じである。ただし、殺し文句の無料スタジオは、朝から晩までほぼぎっしり講習が組まれていたため、夜は疲れ果てて、結局、一度も使えずに終わったらしいが。

手をかえ品をかえのこうしたサービス競争が行われるのは、少子化で自動車免許産業が完全に買い手市場になっているからである。黙っていても生徒が集まった昔と違って、大変な努力をしないと教習所も生き残れないのだ。

しかも、生徒の〝質〟が昔とはまるで違う。正直言って、よくぞウチの息子なんぞをわずか2週間あまりで卒業検定合格まで導いてくれたものだと思う。

帰ってきてから、学校の教習車両はなんだったのかと聞くと、知らないという。でも、ウチのクルマみたいなカタチをしていたと供述したので、じゃあ、ハッチバックだったのかと問いただせば、ハッチバックの意味を知らなかった。それくらいクルマに無関心なのである。ちなみに、帰る日に撮ってもらった記念写真(もちろんサービス)を見ると、教習車はマツダ・アクセラだった。それもハッチバックではなく、セダンだった。

カムリ
【Camry】

⇩車名「トヨタ・カムリ」

トヨタ・ハイブリッドの新境地。

アメリカでは9年連続のベストセラーカーだが、日本ではまったく売れないので、新型からついにハイブリッドのみになってしまった。と書けばヤケクソみたいだが、新設計の2・5リッター4気筒にサイやレクサスHS250hと同じハイブリッド・ユニットを組み合わせた心臓がすばらしい。BMWの6気筒のように滑らかで力強い。

0-100km/hの社内データ7・8秒は、メルセデスSクラス・ハイブリッドと同等。どこからでも胸のすくダイレクトな加速が味わえる。電動パワーステアリングのしっとりした操舵感もいい。

燃費はプリウスに及ばないが、ファン・トゥ・ドライブは圧勝。「304万円から」の価格も競争力高し。若向きのカッコいいステーションワゴンを期待。

カローラ・アクシオ・ジー・ティー
【Corolla Axio GT】

⇩車名「トヨタ・カローラ・アクシオGT」

チューンド営業車。

カローラ・アクシオとは2006

カムリもハイブリッドに

年に出た現行カローラのセダンのことである。いちばん高いのは244万円の1・8リッターモデル。いちばん安いのは約164万円の1500X。注意して路上を観察していると、この最廉価モデルが実にたくさん走っている。ボディカラーは圧倒的に白が多い。営業車、それもぎりぎりお客さんやお得意さんを乗せられるミニマム・フォーマルカーとしての需要があるのである。

そのカローラ・アクシオXをベースに生まれたメーカー系チューニングカーが、このクルマ。TRDブランドで知られるトヨタ傘下のレーシング・ファクトリー、トヨタテクノクラフトがつくるスーパー・カローラである。

1・5リッター4気筒DOHCの中身はそのままだが、IHI製ターボを付加した結果、プラス40馬力の150馬力を得る。5段MTには強化クラッチが入り、前輪ディスクブレーキのローターは、1インチ大きいカローラ1800用に代わる。そのほか、足まわりにはTRD製のスポーツキットがフルにインストールされる。

最初、気負って走り出すと、肩すかしをくらった。イレ込んだ期待に合致したのは踏み応えのあるクラッチペダルくらい。エンジンはスムースで静か。乗り心地にも荒さはいっさいない。ひとことで言うと、ファ

カローラ・アクシオ・GT

インチューニングされたカローラである。

1・5リッターターボは実に感じのいいエンジンで、一度バラしてバランスを取り直したようなメカ・チューン的な素性のよさがある。適度に締め上げられた足まわりは、どんなカローラよりもすぐれた操縦性と乗り心地を示す。メーカー系チューナーのレベルの高さを思い知らされるクルマである。ぜひプリウスもイジってもらいたい。

価格は247万円。いちばん高いカローラ1800セダンと同じ予算でこんなカローラ・ライフも味わえます。

カングー
【Kangoo】

⇩車名「ルノー・カングー」

お徳用フランス車。

ルノーの貨客両用車。2008年のモデルチェンジで大型化して、旧型のキュートさは失われたが、1・6リッターのまま〝車格〟はワンランク以上あがる。まかないメシからいきなりコース・ランチくらいへの昇格感がある。

相変わらずすばらしいのは足まわりだ。リアサスなどは、覗き込むとむしろショボく見えるのに、吸いつくように路面を捉え、吸い取るように路面のデコボコをいなす。操縦安定性も高い。フランス車伝統の〝猫

足〃を標本にしたようなサスペンションである。

　これだけ乗れて運べて230万円と、価格も安い。10万円安いMTモデルもある。バックには日産もついている。1830㎜のボディ全幅が大丈夫なら、初めてのフランス車にお薦めしたい。

【き】

ぎゃくそうじこ
【逆走事故】

　レーンを逆方向に向かって走るクルマが引き起こす事故。正しい方向に走るクルマとぶつかれば、いきおい正面衝突になる。スピードの高い高速道路やバイパスでは致命的な大事故につながる。

　高速道路会社の調べによると、全事故件数のうち、65歳以上のドライバーが起こす割合は4・5％だが、逆走事故に絞ると、49・5％に跳ね上がるという。つまり、逆走するドライバーの半分が高齢者。21世紀が高齢化社会なら、必然的に逆走事故も増えるという理屈だ。

　この種の事故のニュースを聞くと、だれしもが「ありえない！」と思う。サービスエリアで休んだあと、入ってきた道から出ていくことなどありえない！　料金所ゲートをくぐ

したら命とり

り、入路から本線に出て、そこでわざわざ鋭角にターンして走り出すことなどありえない！　向こうからこっちに向かってくるクルマがたくさんいるのに、なにも気づかずに逆走し続けることなどありえない！

だが、ありえないことが起きるから、事故は起きるのである。

道路側の対策もとられ始めている。入路から本線に合流する部分、これまではゼブラゾーン塗装だけだった箇所に固定ポールを並べて、Uターンを阻止したり、可能性のある地点にそのものズバリ「逆走注意」の看板を立てたり。カーナビのGPSで進行方向をチェックして、逆走を始めたらすぐに警告を出すといったアイデアも実現化に向けて動き出している。

今のところ逆走したことはないし、しかけたこともない。だが、50歳を過ぎてから、ごくまれにクルマから出られなくなる〝事故〟を経験するようになった。エンジンをきり、サイドブレーキをかけ、ドアを開けて外に出ようとするが、出られない。シートベルトを外すのを忘れているのだ。

ありえないことは、ありえるのである。

きゅういちいち【911】

⇩車名「ポルシェ911」

「いつか911には乗ってみたいなあ……」

知り合って間もない人とクルマの話をしていると、ポロリとそんなふうに言われることがある。いまゴルフGTIに乗っているというので、クルマ好きではあるんだろうな、くらいに思っていた人が、何かの拍子にフト、告白する。しみじみとした口調に「当然でしょ、クルマ好きなんだから」というニュアンスが隠れている。

こんな言われ方をされるクルマは911くらいではなかろうか。分別のあるいい大人が遠くの一点を見つめて、「いつかランボルギーニには乗ってみたいなあ……」とは言わないと思う。1960年代の昔から自らをずっと磨き続けてきた911ならではの〝車徳〟といえる。

21世紀に入っても、911は進化している。こんなふうにたゆまず進化している乗り物が日本にあるだろうかと考えたら、思い当った。新幹線である。「最良の911は、最新の911」という言葉があるが、乗客としてみたとき、911を「新幹線」に置き換えてもまったく違和感がない。新幹線が1964年生まれ、911は63年。同世代でもある。

ドライバーの立場からみて、21世紀の911で最も大きな進化はPDKの登場だと思う。ティプトロニックに代わるツインクラッチの2ペダ

ル変速機だ。

　ぼくはティプトロニックというＡＴを〝ＭＴ以上〟だと思ったことが一度もない。ハンドルに付くシフトスイッチのタッチがツルツルしているくせに硬いとか、親指がドイツ人のように長くないと、たまに空振りするとかいった問題はともかく、あのトルコンＡＴはせっかくの水平対向エンジンの息づかいにぼんやりした霞をかけてしまう。

　それがダイレクト感あふれる、瞬速シフトの７段ＰＤＫに置き換わった。変速の品質はティプトロニックほど高くない。赤信号に向けて減速していく時など、自動シフトダウンの変速ショックが露わになることもある。しかし、コンフォート性能が少し落ちても、スポーツ性能をとるというところに、よけいポルシェの〝決意〟を感じた。アブク銭を９１１と交換したちょいわるおやじなんかは、シフトショックフリーのティプトロニックのほうがよかったかもしれないが、「いつかは９１１」のクルマ好きならＰＤＫを気に入ること間違いなしである。

　日本では、ティプトロニックが選べる９１１の９割以上がティプトロニックで乗られていた。カッコいいスポーツカー！　なんて言われたって、日本の９１１はほとんどみんなオートマ車なのだ。そんな国で２ペダル変速機がＰＤＫに代わったのは

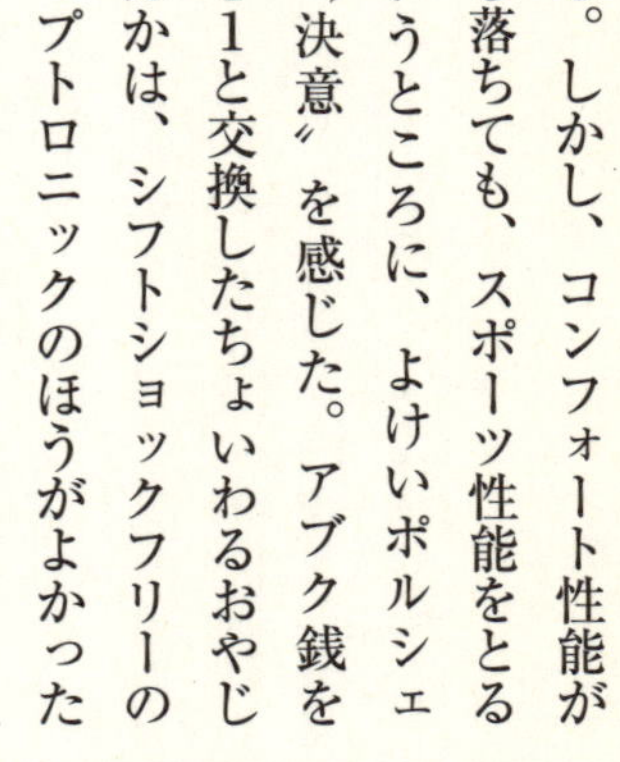

大進歩である。

きゅういちいちターボ
【911 Turbo】

⇩車名「ポルシェ911ターボ」

別格911。

頂点の〝S〟に載る3・8リッター水平対向6気筒ターボは530馬力。価格は大台かるく突破の2209万円。345〜408馬力のノンターボ911と比べると、まさにひとクラス違う911である。

◆

911ターボといえば、初代モデルが出たのは70年代後半だ。スーパーカー小僧に騒がれた930ターボなどは、当時、甚だおそろしいクルマだったらしいが、21世紀の最新モデルは4WDで、シャシーを安定させるためのメカトロニクスも大進歩を遂げた。変速機は2ペダルの7段PDK。もはや乗り手を選ばない。

混んだ町なかを走っていると、911ターボはむしろ退屈だ。アクセルペダルの応答性は、低速域だとシャープではないし、アイドリング時のエンジン音は低くこもり、なんとなく建設機械的だ。足まわりも、タウンスピードではひたすら力士みたいにズデンとしている。最高速315km/hだと〝下〟はこうなっちゃうんだろうかと思わせる。

だが、そんな印象は山道へ行くと覆る。早起きして、いきつけのワイ

ンディングロードを走った911ターボは、まさに感動超大作だった。

路面にコブがあろうが、穴ぼこがあろうが、うねりがあろうが、逆バンクがついていようが、おかまいなしである。コーナリングの安定感ときたら、運転席にいて笑いがこみ上げてくるほどだ。その超絶スタビリティに裏打ちされたコーナーの脱出加速がスゴイ。4WDとはいえ、テールヘビーなリアエンジンである。コーナーを立ち上がるたびに舗装がめくれるのではないかと思うような後輪のトラクション（駆動力）を実感する。

しかも、そのさなかですらドライブフィールはやさしく、繊細だ。大入力域に至って、初めてクルマの全身に血流が行き渡る感じだ。町なかや100キロ巡航で見せたカッタルサとは対照的である。

今の911ターボは燃費もいい。ワンデイツーリングでリッター10km近く走る。ターボSのCO_2排出量は268g／km。日産GT－R、フェラーリ458イタリア、ランボルギーニ・ガヤルドなど、0－100km／hを3秒台でこなす超高性能クラスで300g／kmをきるのは911ターボだけである。

きゅうそくじゅうでんき【急速充電器】

EVを短時間で充電するパワフル

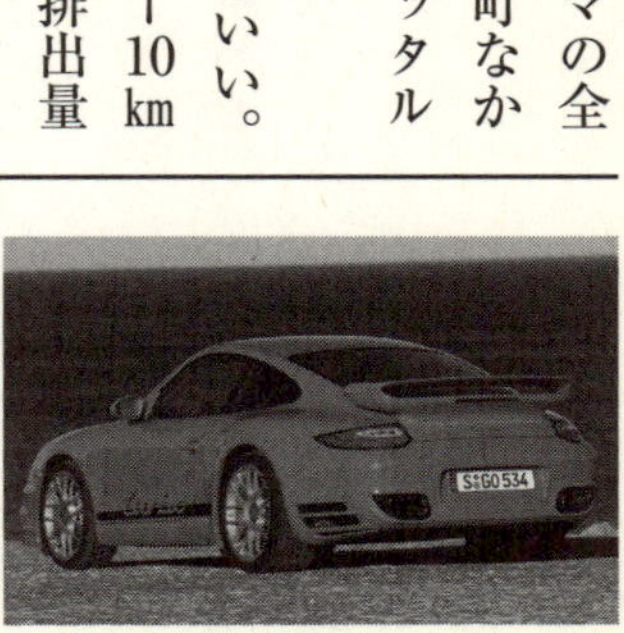

な充電器。家庭では200／100Vのコンセントからプラグインで充電し、出先では急速充電器のお世話になるというのが、EVの一般的な使い方と言われている。日本国内ではCHA de MO（チャデモ）と呼ばれる規格の急速充電器が整備され、量販を狙うEVはこれに合わせることになる。

急速充電器が設置されているのは、ガソリンスタンド、高速道路のサービスエリア、道の駅、役所など、いずれもまだほんの一部だが、数は増えつつある。今のところ、充電のために電気代をとることはできないため、無料のことが多いが、私企業では施設使用料のような形でいくらかのお金を取るところもある。役所はタダだが、書類を書かされるようなことがある。

充電時間は早くても15分。それでも、急速充電だと80％までしか入らない。時間をかければ満タンにできるが、それではクイックチャージの意味がない。

こうした現況を踏まえると、果たして急速充電器をハシゴしながらドライブをするということが現実的なのかどうか甚だ疑わしい。拠点数が少ないのに、EVの数が増えれば、当然、混み合う。1台の所要時間は、スタンドの給油よりはるかに長い。

サービスエリアやショッピングセンターで充電しているあいだにお食

事やショッピングを、なんて未来図が語られるが、その間、クルマの面倒はだれがみるのか。充電が終わっているのに、給電ガン差しっぱなしで、EVが列をなすのか。今の世の中を見ても、ガソリンスタンドで給油しているあいだにお食事やショッピング、なんて好都合なサービスは行われていない。クルマを駐めておくにはお金がかかるのだ。

EVは基本、〝家充電〟で使う。外の急速充電器に頼るのは、出先で雲古をするような危急のときだけに限る。電池や充電器によほどの技術革新が起きない限り、そう割り切ったほうが、いいEVが出来るし、EVを正しく使えるのではないか。

【く】

クアトロポルテ【Quattroporte】

⇩車名「マセラティ・クアトロポルテ」

ポルテ（ドア）がクアトロ（4枚）。イタリア人は「4ドア」と言ってるだけなのに、日本人にはものすごくカッコよく聞こえる役得車名のマセラティ。「ウチのクルマ、マセラティ」とのたまう子供を世界中で輩出している大型4ドアGTである。2004年の登場以来、日本で

マセラティの4ドア

もマセラティの主力車種を務める。

トップモデルのスポーツGTSは440馬力の4・7リッターV8を積む。フロントの20インチ・ホイールから覗くブレンボの6ピストン・キャリパーは標準だと赤だが、ほかに黒、銀、黄、青、チタンも選べる。全長5・1mの重厚長大セダンだから、「後ろが長い」感じはつきまとうが、こういうものをレースカーのスピードで走らせようという発想は、日産GT－Rを生んだ日本メーカーにもまだない。

オールレザーの車内には香水の匂いが漂う。直前に徳大寺さんが試乗していた可能性もあるが、おそらくは車内のどこかにオーデコロンの匂い袋が隠されているのだろう。

マセラティの日本語版カタログは力作である。技術的記述もくわしい。マセラティ・シンパにはフェラーリよりもハードについて知りたい人が多いのかもしれない。

クラウン【Crown】

⇩車名「トヨタ・クラウン」

トヨタ党の幹事長。

プリウスがどんなに売れても、レクサスが車格で上に行っても、これだけクルマ離れが進行しても、出せばモデル末期まで確実に売れるトヨタのオリジナル高級車。◆

本当の実力者

新型車が出ると、欧米の自動車メーカーは現地でプレス試乗会を開く。力の入ったニューモデルの場合、リゾート地のホテルを何週間も貸し切りにして、世界中からジャーナリストを呼んでは次々と試乗させる。出来たばかりの自信作に、世界の報道関係者を乗せる〝ワールドプレミアム〟な試乗会である。

だが、日本のメーカーはこうした催しをやらない。日本で開かれるプレス試乗会はあくまで国内メディア向けだ。日本車メーカーが海外からゲストを呼んで、日本の道路で新型車に試乗させるようなことはないのである。

なぜか。走るところがないからだ。欧米のジャーナリストを満足させるような〝試乗環境〟が日本にはないのである。北海道は景色も欧米ふうで、交通量も少ないが、一般道の制限時速は40キロか50キロか、せいぜい出せても60キロである。しかも、どんなに見通しがよくたって追い越し禁止である。そんな道路では、クルマの性能など試しようがない。日本はクルマを大量につくり、大量に売っている国だが、クルマが自由に走れるところではないのである。

そういう国で13代にわたってトヨタの高級セダンを務めてきたのが、クラウンである。このクルマの最大の特徴は、グローバルカーではないことだ。あくまで日本市場メインで

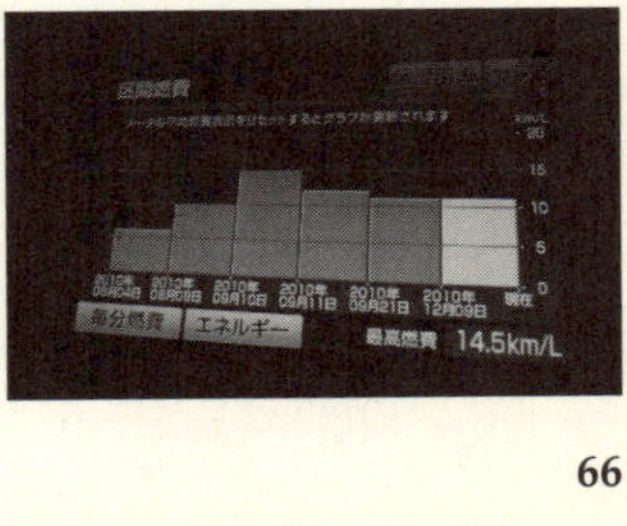

クラウン・ハイブリッドの燃費データ

開発された、日本人のためのドメスティックカーである。国内マーケットが縮小し、主戦場を海外市場に移す国産車も多いなかで、最も血の濃い日本車と言っていい。

クラウンに試乗するとき、ライバルとしてメルセデスやBMWと比べても、最後まで何かが噛み合わない感じがいつもする。それは広軌と狭軌の鉄道車両を比較するようなものだからだと思う。ただ、クラウンが狭軌だとすると、その性能は大したものである。

V8のマジェスタ系を除いて、現行クラウンの頂点はハイブリッド（540万円～）である。レクサスGS450hのパワーユニットを移植したエコ・クラウンだ。モデルチェンジのたびに「いちばん高いやつ持ってきてくれ」とセールスマンに頼んでいたクラウン・オーナーが「今度はハイブリッドっていうのが付いてきちゃってさ」と言ったというのは、ネタのような実話である。

グランツーリスモ【Gran Turismo】

⇩車名「BMW550iグランツーリスモ」

BMWきってのカルトカー。

ビーエムの〝グラツリ〟は、巨大な5ドアハッチバックである。モデル名のとおり、5シリーズ・ファミリーだが、サイズは最も大きい。全

長5m、車重は535iでも2tを超す。

全高はセダンより10cm近く高いから、クルマのそばに近づくと、つくづくデッカイ。でも、カタチはオンロード用の5ドアハッチバック。目の縮尺が狂ったように感じる。

運転席もなかばSUVのように高い。だが、走るとSUV的な雰囲気はまったくない。運転の操作力は軽く、乗り心地はソフト。実にセンシブルで仕立てのいいクルマだ。その意味で、乗り味がいちばん近いのは、すでに販売終了になったシトロエンC6か。

セダンでも、ツーリング（ワゴン）でもない、特大サイズの5ドアハッチバック。4・4リッターターボの550iだと、価格は1100万円オーバー。

多産のBMWは、ときどきこういう進化樹からこぼれたようなクルマをつくるからおもしろい。

グランツーリズモ【Gran Turismo】

⇩車名「マセラティ・グランツーリズモS」

車重2tの全身スポーツカー。

2008年に登場したマセラティの最高性能モデル。

クルマのカッコよさと美しさを体現したピニンファリーナ・ボディに偽りなし。エンジンは440馬力の

4・7リッターV8。車重1955kgの大型4座クーペなのに、運転感覚はウソのように軽い。トランスアクスル・レイアウトのハンドリングも軽い。ステアリングやペダル類の操作力も好ましく軽い。サスペンションやシートはかなり硬いのに、乗り心地は不思議とすばらしく快適。荒さやツラさとはいっさい無縁なのは価格（1750万円）を考えれば当然か。

SPORTボタンを押すと、エンジンやセミオートマの性格がガラリと変わる。アクセルを戻したときのボボボボという排気音は、テレビ中継で聴くF1コクピットラジオそっくり。ノーマルに戻せば、一転、ノイズキャンセル・ヘッドフォンを着けたかのように静かになる。そういった演出も含めて、この手のスーパースポーツのなかでもとくに〝新しさ〟を感じさせるクルマである。

どんな場面でも速いが、911ターボや日産GT-Rよりエモーションがある。クルマ好きならノックアウトされます。

クルーズ・コントロール【cruise control】

ドライバーがアクセルを踏まなくても、車速を一定に保つ機構。主に高速道路で使用される。

というのが最初のクルーズ・コントロールだったが、近年、頭に〝イ

ンテリジェント〟が付く進化型が登場した。時速100キロにセットして巡航していても、遅いクルマに追いつくと自動減速して車間距離を保ちながら追随する。前がクリアになれば、設定速度まで自動加速する。超音波センサーやレーダーや車載カメラによる〝目〟を持った〝考えるクルーズ・コントロール〟だ。

さらに最新型は「全車速対応型」と呼ばれるものである。日本車のクルーズ・コントロールは、設定上限が110km／hあたりまでだが、この場合の全車速とは、低速側のこと。自動停止も自動スタートもやってのけるクルーズ・コントロールだ。

たとえば、60km／hに設定しておけば、前走車をロックオンして上限60km／hのストップ&ゴーを繰り返す。途中、ドライバーがブレーキを踏めば、すぐに設定解除されるのはすべてのクルーズ・コントロールに共通だが、戻す（リジューム）のも簡単にできる。

ただし、信号が青になり、前走車が動き出しても、勝手には発進しない。アクセルを踏むか、リスタートボタンを押すなどのドライバーのワンアクションが要る。日本の国土交通省は自動運転を認めていないからだ。じゃあ、これまでのものが自動運転ではなかったのかといえば、とっくにあやしいが。

◆

さて、こうした先進型クルーズ・コントロールでおもしろいのは、日本車と輸入車の違いである。たとえば、これが付いているボルボS60／V60の場合、自動スタートはかなり俊足だ。明確な加速Gを感じるほどグワッと発進する。ところが、アイサイト付きスバル・レガシィのスタートはおっとりしている。ボルボが20代ならスバルは70代くらいのドライバーが運転している感じだ。

追従走行時の車間距離は調節できるが、最短にしたところで日本車のインテリジェント・クルーズ・コントロールは車間距離をとりすぎる。そのため、後ろからアオられるし、割り込みもされる。結局、機能があっても使えない。もったいない話である。

しかし、クルマ好きならこんなものに頼らず、自分で運転しましょう。と思う一方、クルマに次々と備わるこうした自動運転機能を「どれどれ」と品定めするのもこれからのクルマ好きの楽しみ方かもしれない。

輸入車のクルーズ・コントロールは２００km／h以上でも設定できる。しかし、インテリジェント機能があるから問題はない。でも、セットしたのを忘れて、空いた追越し車線に出る。5リッタークラスともなれば、猛然と自動加速を始める。なんのクルマとは言わないが、それはそれは目の覚める体験である。

クロスオーバー【Crossover】

⇩車名「ミニ・クロスオーバー」

デッカいミニ。

新しいビッグ・プラットフォームを使うミニのSUV。ボディ全長は3ドアハッチバックのプラス38cm、幅はほぼ1・8m。高さはタワーパーキングぎりぎり。暗がりで出くわすとあとずさりしたくなるほど大きいミニ。しかし、側面に4枚のフルドアがつく初めてのミニとして、ミニ党からは待ち望まれていたモデルである。クーパーSオール4（373万円〜）には初の4WDも付く。

◆

幅と高さが大きくなって、室内空間に余裕が生まれたのが最大の変化。ヘルメットをかぶらされているような鬱陶しさがなくなった。ドイツ版ディズニーランドみたいなダッシュボードは相変わらずだが、車高もアイポイントも高くなったので、たしかにSUV的なドライブフィールが生まれた。

3種類のエンジンはこれまでどおり。いちばん軽いFFのワンでも3ドアより200kg近く重くなったから、すばしっこさは減退。184馬力のクーパーSでも持て余すほどのパワーはない。

これだけ違うのだから、別のクル

マにすればよかったのに、とも感じるが、ミニは「ミニであること」がいちばん大事なのである。

クロスボウ
【X－BOW】

⇩車名「KTMクロスボウ」

オーストリアのオートバイ・メーカー、KTMが初めてつくった四輪車。

カーボン・モノコックは、イタリアのフォーミュラカー・ファクトリー、ダラーラ製。2座コクピットの後ろにVWの2リッター4気筒ターボを搭載する。

カッコはレースゲームのキャラクターそのまま。屋根はおろか、フロントウィンドウすらない公道レーシングカー風だが、乗ってみると、自動車としての完成度の高さに驚く。後方視界ゼロ、つまり後ろがまったく見えないこと以外、特段注意すべきことはない。ノンパワーのステアリングやクラッチペダルも重くない。MT免許があれば、若葉マークだって難なく運転できるはずだ。

ボディ全幅は1・9mを超し、コクピットもたっぷり広い。シートはレカロの〝つくりつけ〟。薄い緩衝材をモノコックに貼っただけに見えるのに、乗り心地はダマされたみたいに快適だ。シートがスライドしないかわりに、3つのペダルを設置したフットボードを前後に動かしてポ

ジションを合わせる。ドライバーの身長が変わっても、重量バランスを変化させない工夫だ。前後スライド量は大きく、いちばん手前にすれば小学生でも運転できる。こういう親切は、昔のバックヤード・スペシャルにはなかった。

深いカーボン・モノコックは、たのもしい剛性感に溢れ〝守られ感〟も高い。フロントウィンドウはないが、風洞できちんと空力的に検討されたとみえ、厚木のディーラーから小田原・厚木道路を通って箱根に駆け上がり、御殿場から東名で戻るあいだ、一度も跳ね石を食らうことはなかった。

0－100㎞／hは4秒をきる

が、ゴルフV《ファイブ》(先代)のGTIに載っていた実用エンジンだから、神経質さは一切ない。音も静かだ。シャシーのフトコロの深さがレーシングカー級だと、GTIのエンジンもこんなにフッーに感じるのかと、おかしかった。

ワイド・トレッドのシャシーが明らかに〝エンジンより速い〟こともあって、ロータス・エリーゼのようなヒラヒラしたライトウェイト感は薄いが、それも大人の味である。

少量生産の〝こういうクルマ〟をほめるとき、じゃあ、本当に一般消費者に薦めていいのか、という点がいつも悩みどころだが、クロスボウは自信をもって言える。エリーゼはもちろん、ボクスターの高いのや日産GT-Rといった、大メーカー製の同価格帯ライバルと同じ俎板《まないた》の上でお薦めできる。VWがつくったスーパースポーツカーと言ってもおかしくないほどの製品完成度である。英国の人気自動車専門誌「トップギア」は、このクルマを2008年のスポーツカー・オブ・ザ・イヤーに選んでいる。

クルマは日々よくなっているが、こういうクルマも着実にソフィスティケートされている。少量生産なら、特例扱いでこういうクルマがまだ合法的に生存できる。ヨーロッパに残る民主的自動車づくりの伝統が、なによりうらやましい。

クロスポロ
【Cross Polo】

⇩車名「VWクロスポロ」

ポロの〝なんちゃって四駆〟。

こう見えても、タダのFF。最低地上高もポロより15㎜高いだけ。だが、少し硬い足まわりと17インチホイールのおかげで、ノーマル・ポロより乗り心地はフラット。コーナーでのロールも少ない。こっちのほうが落ち着きがあって好きだという人も多いはず。

105馬力の1・2リッターターボ＋7段DSGはポロと同じ。車重は30kg重いが、体感上大差なし。内装はポロより楽しい。それで価格（260万円）はポロTSIハイラインの18万円高となると、イイじゃないか、クロスポロ。そう、とてもいいのである。ポロより明るいのがいい。オーバーフェンダーで、ファミリー唯一の3ナンバーになるのもプラス要素か。

【け】

けいじどうしゃ
【軽自動車】

最も維持費の安いクルマ。

とくに、所有しているだけでかかる経費が安い。軽の次に安い100

0ccクラスと比べると、新車を買って3年間乗る場合、自動車税＋重量税＋自賠責保険料の合計が、1000ccは約15万円かかるのに対して、軽は6万円ほどですむ。1・5リッタークラスだと18万円を超える。まったくクルマを動かさなくても発生する公的コストからして、これだけ違うのである。

　では、なぜ安いのか。ボディサイズとエンジン排気量に制約があるからだ。軽は小さくて非力。一人前じゃないから維持費も安くするというのが半世紀以上前にスタートした軽のコンセプトである。

　しかし、今の軽と1000ccクラスを実際乗り比べると、前述の6万円対15万円は差がありすぎると感じるはずだ。だがそれを、軽が優遇され過ぎているととるのは正しくない。設計者の知恵と努力とマーケットの厳しい競争で、軽自動車は人一倍進歩した。税金の安い発泡酒をメーカーがどんどんおいしくしたのに似ている。

　ただし違うのは、お酒は嗜好品で、軽自動車は実用品であること。公共交通機関から見放された過疎地で、かけがえのない移動手段として働いているのは軽自動車である。

ケイマン

【Cayman】

⇩車名「ポルシェ・ケイマン」

そんなにボクスターがお嫌い？

２００５年にデビューしたミドエンジン・ポルシェ。入門用ポルシェ、ボクスターのクーペ的存在だが、本来、より高付加価値なオープンモデルをあとからわざわざフィクストヘッド・クーペにしたという経緯のためか、デビュー以来、いまひとつ地味な印象は否めない。

水平対向６気筒エンジンは、ボクスターと同じ２・９リッターと３・４リッター。ただし、パワーはいずれもケイマンに10馬力だけ上乗せしてある。

ミドシップのコンパクトなクーペとして、ケイマンが光るのはやはりワインディングロードである。強大な後輪のトラクションで、コーナー出口へ向けて斜め後ろから押されるような９１１に比べると、そのコーナリング感覚は、なんというかマジメだ。９１１のちょっとイビツな旋回に慣れている人には物足りないかもしれないが、そのかわり、全車一丸でコーナーを抜ける爽やかさが身上だ。そして、そんな大入力のコーナリングを堪能していると、ケイマンのファン・トゥ・ドライブの源が、クーペボディの高い剛性にあることがよくわかる。

獲物を見つけてうずくまる猛獣の後ろ脚みたいなリアフェンダー。あの曲線に悩殺されて衝動買いしても、中身は十分濃い。

ゲレンデ・ヴァーゲン
【Gelandewagen】

⇩車名「メルセデスベンツGクラス」

いちばん〝らしい〟ベンツ。

〝Gクラス〟と括《くく》られるメルセデスのオフロード四駆。デビューは79年。現行メルセデスのなかでは最長寿を誇る。それだけに古きよきベンツの味が色濃く残る。

しかし、日本では、近年、なぜか若い芸能人のあいだでひそかな人気を博す。「いつかはベンツ」という成功の象徴としてのブランドにもSUV化の波が押し寄せている。

ヘビー級の四駆SUVという、エコカーとは対極にあるクルマだが、どうせ乗るなら高性能版のG55AMGがお薦めだ。固められたサスペンションは戦車の如きソリッド感。車重2・5tのくせに、微舵応答性は抜群。AMG職人手組み&サイン入りのちょっと大味なV8スーパーチャージャーも、ハードカバー単行本のようなGクラスには合っている。ポルシェ・カイエンよりむしろ〝スポーツカー〟っぽい。

ただし、燃費はよくない。街なかだとリッター5㎞に届かない。しかしそれで頭を抱える人が乗るクルマではない。G55AMGの上得意は、石油を売っているアラブのお金持ちである。

1780万円のG

げんしりょく はつでんしょ
【原子力発電所】

たかだかお湯を沸かすのに、核分裂反応を使う発電所。人間がつくったくせに、壊れると、人間が近づけなくなる。壊れなくても、燃料の燃えカスには、未来永劫、人間は近づけない。きわめて不完全で無責任な機械。

◆

横浜の日産本社で開かれた報道試乗会で、初めてリーフのステアリングを握ったその3時間後、東日本大地震が起きた。投機による原油高の影響で、折からガソリンの値段がグングン上がっていた。「いいタイミングで出しましたねえ」と、試乗後、エンジニアにそう話したばかりだった。福島第一原発の事故で「出鼻をくじかれた」という感情を最も強く持ったのは、リーフの開発者と、3月12日に開業した九州新幹線の関係者ではなかろうか。

リーフに限らず、EVに限らず、自動車産業は、フクシマの事故後、世界中で起きた原発見直しの気運にショックを受けたはずである。生産に大電力を使う自動車産業が、反原発派であったはずがない。とくに電気で走るEVの量産化は、原発あってこその電力供給を前提にしていたはずである。

だが、福島第一の事故で事態は大きく変わった。放射能が飛び散り、

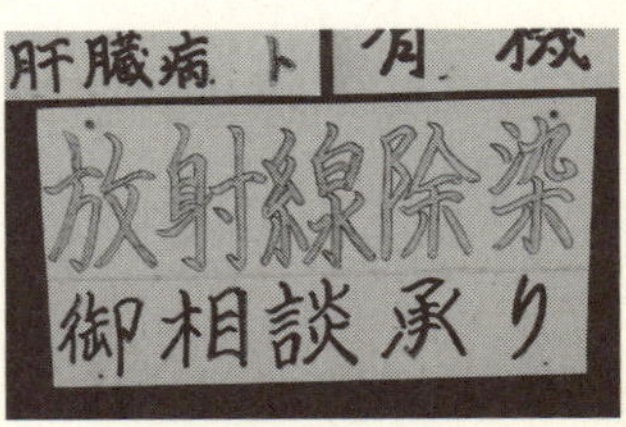

水素爆発が起きても、ガンダムは現れず、対策は土嚢《どのう》と放水だった。あの事故の惨状は、人の人生観や企業の倫理観を変えるのに十分だ。

　これからは、そのクルマがどんなエネルギーでつくられたのかが問われるようになるのではないか。きわめて安全性の高い、きわめて環境にやさしいクルマを、原発の電気でつくる。その矛盾をだれよりも強くアピールできるのは、日本の自動車産業である。

【こ】

こうれいしゃ うんてんめんきょ じしゅへんのう しえんせいど

【高齢者運転免許自主返納支援制度】

　最も有効な交通安全は〝運転しないこと〟である。常にそう考えている警察が、08年4月からスタートさせた高齢ドライバー事故防止策。

　65歳以上のドライバーが運転免許を警察に返納すると、なくなった免許証の代わりに「運転経歴証明書」がもらえる。これが返納のエサ。このカードを協力店舗や施設で提示すると、特典が受けられるというもの。

　警視庁の場合、内容は、たとえばドミノ・ピザ10％オフ、ピザーラはサイドオーダーをサービス、「庄や」ではソフトドリンク1杯サービス、メガネドラッグ10％オフ、東京サマーランド入園料割引、「人形の吉徳」浅草橋本店は粗品進呈、スズキのセニアカーを購入すると、ボディカバー1個プレゼント、といった具合。三越、伊勢丹、高島屋が自宅への配送料を無料にするというのは、筋の通ったサービスだが、運転免許取得に何十万円もかかったことを思うと、あとはほとんど「これが特典か!?」というようなものばかりである。だいたい、年寄りがそんなにピザを食べるのか。運転をあきらめた肉体で、東京サマーランドへ行ってどうしろてんだ。いや、こうした民間企業はお上に請われて協力するのだから立派である。支援制度と銘打ちながら、当の警察は持ち出しゼロ。それどころか、証明書を発行するのに手数料1000円をしっかりとる。

警視庁のホームページにある特典内容でいちばん傑作だったのは、いくつかの自動車教習所におけるサービスである。カードを持ったお年寄りが新規免許取得者を紹介すると、5000円もらえる。自動車教習所が、警察官の天下り再就職先の王道であることは言うまでもない。

ゴールドめんきょ【ゴールド免許】

多くの場合、ペーパードライバー

に発行される5年間有効の免許。更新日にあたる誕生日の40日前からさかのぼって5年間無事故無違反だと「優良運転者」と認定され、もらえる。運転しなければもらえるわけだから、その場合、「ゴールド（凍結）免許」と呼ぶのが正しい。

◆

次の誕生日で50歳になる年に、初めてゴールド免許を授かった。クルマの運転をナリワイにしている者とは無縁だと思っていたので、更新通知の葉書を開いて驚いた。仕事仲間に言いふらすと、「訴えてやる！」というようなことを言う人間もいたが、〝実力〟というほかない。

おかみの仕事とはいえ、それでも人の親かと言いたくなるような交通取締まりが多い。道路の制限速度は、たいてい守れないようにできている。絶対にしないと言い切れるのは、飲酒運転違反だけかもしれない、と思っていたので、ゴールド免許とはたしかにわれながら驚きだった。でも、その年は普通免許をとってちょうどまる30年だった。そのごほうびとしてはいいでしょう、ゴールドカードくらい。

優良運転者の特典は、有効期間の2年間延長だけではない。まず更新の手続きが簡単になる。自転車でも行ける近くの警察署でとれた。講習も30分で終わる。一般運転者は1時間、違反運転者講習だと2時間

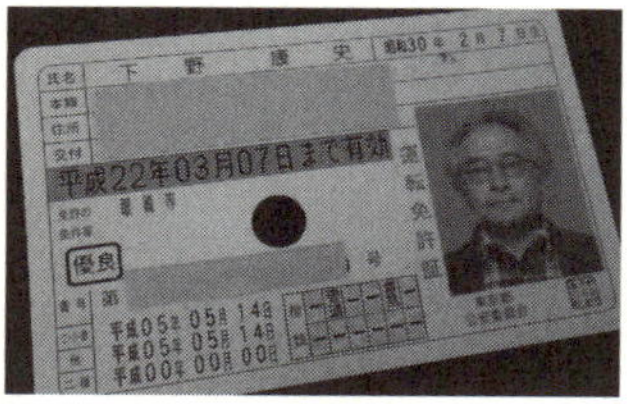

思い出のゴールド免許

かかる。更新の手数料まで違っていて、優良の2950円から順に、3300円、3950円と高くなる。違反が多い人は、反則金をしぼりとられているわけだから、踏んだり蹴ったりだ。

更新の日、朝一番で警察署へ行き、視力検査や写真撮影を済ませて教室に入ると、30人ほどいた優良運転者のほとんどは自分より年上のお年寄りばかりだった。毎日、営業のバンで駆けまわっている働き盛りのサラリーマンふうなどはひとりもいない。視力検査のところでハネられている人もいた。おばあさんに手を引かれて手続きに来ているおじいさんもいた。やはり免許を〝持っているだけ〟の人が多そうである。

こういう人たちが旅先でレンタカーなどを借りると、一転、危険な高齢ドライバーになりゃしないのか。短い時間にいろいろ考えさせられるゴールド免許講習だった。

ぼくの場合、その後、ゴールドのおかわりはなかった。実はあの更新の前日にスピード違反をやってしまったからである。

ごとう【五島】

EVアイランド。

東シナ海に浮かぶ長崎県の五島は、電気自動車の島である。県が推進する〝長崎EV《エヴィ》&ITS《イッツ》〟プロジエクトの一環で、１００台のアイミーブが五島市（福江島）と新上五島町（中通《なかどおり》島）に導入され、２０１０年の春からその多くがレンタカーとして使われている。それまでのレンタカー台数は２８０台だったから、一気に〝オール電化レンタカー〟を狙う勢いだ。平成23年度には日産リーフも９台導入される。

数多くの教会がある五島は、本土の長崎とともに世界遺産登録を目指している。いずれの島にも発電所はなく、電気は１００㎞離れた本土から日本最長の海底電気ケーブルで供給されている。その島々でＥＶ化をすれば、CO_2削減効果を正味のカタチでより強力にアピールできる。

ＥＶに熱心なのはそんな背景もあるだろう。

いちばん大きな福江島でも１周１００㎞あまりだから、無給電で走れなくもないが、島内には急速充電設備が４カ所にある。レンタカーに載っているカードを使ってキャッシュレスで利用できるが、１回につき２５０円の施設使用料がかかる。レンタカー代はこれまで通りの軽自動車料金で、２０１０年12月に利用した店は９時間５２５０円だった。

お隣の中通島でも借りた。五島で２番目に大きいこの島にも４カ所の急速充電ポイントがある。だが、南側に集中し、刀のように細い北半分にはない。その突端にある岬までは、レンタカーを借りた港から50㎞あまり。途中一度、早めに充電したが、道はアップダウンに富み、きつい上りも多い。無駄遣いはできない。五島までは往復すべて飛行機を使う１泊２日の弾丸ツアーだったのに、島のなかではバッテリー残量を気遣って、カメさん走行をしている。その矛盾が我ながらおかしかった。

でも、ＥＶの購入を考えている人がシミュレーション試乗がてら遊びに行くには最高の場所だ。海の幸と五島うどんがおいしい。

ごひゃく
【500】

⇩車名「フィアット５００」

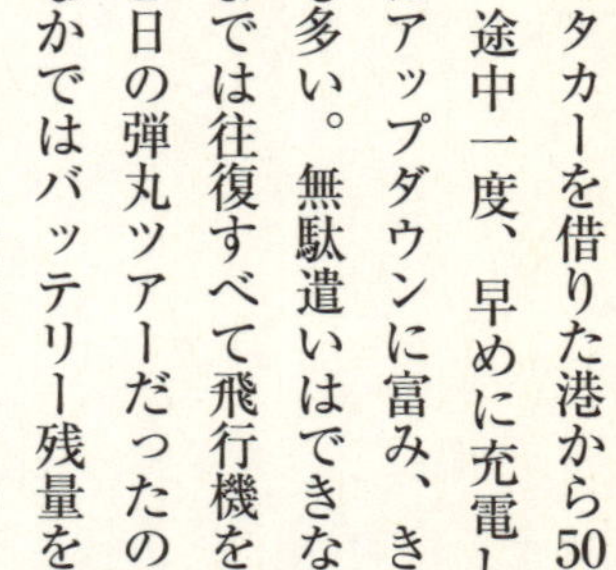

90年代のなかば、ミラノ市内を走っていたら、信号待ちで隣に古いフィアット500（チンクエチェント）が並んだ。かつてのイタリア国民車、日本ではルパン三世でおなじみのクルマだ。

古いといっても、シチリアで見かけるオンボロ・チンクと違って、極上ミント・コンディションの1台だった。中には若いオニイサンがふたり乗っている。我らがレンタカーのオメガ・ワゴンには日本人が3人。「こんなにきれいなチンク、ミラノにしかいないよなあ……」と、みんなで紺色のボディを眺めていると、向こうのサイドガラスがスルスルっと開いた。

早口のイタリアーノが聞こえる。運転席にいたイタリア語ペラペラのカメラマンが応対する。チンクエチェントがどーたら、ジャポネーゼがどーたら、ロ・コンストリーノがどーたら……。こっちはチンプンカンプンだが、終始友好ムードで、最後はチャオっと別れた。

どうしたの？　と聞くと、「このクルマ、買わないか」と言われたのだそうだ。当時、日本でひそかにチンクエチェントが流行っていた。そのタマを仕入れに日本の業者がやってきては、程度のいいチンクエチェントをあちこちで買い付けていたらしい。それを知っていた彼らが、日本人とみて話しかけてきたのであ

る。チンクエチェントが生産中止されてから20年が経っていた。まさかあのとき、再びチンクエチェントの新車が登場するなんて、もちろん思いもしなかった。

◆

1957年に出たチンクエチェントからちょうど50年の2007年、イタリアをあげての盛大なデビューを飾ったのが、新型フィアット500である。

昔の500は空冷2気筒のRR（リア・エンジン／リア・ドライブ）方式。車名は排気量からきている。しかし、新型はFFで、エンジンはもちろん水冷の4気筒、排気量も500ccではない。でも、「フィアット1240」だと「ウノミッレ・ドゥエチェント・クワランタ」とか言ってタイヘンだから500の名を受け継いだ。なによりもデザインとイメージがかつての500のカバーである。ニュービートル、BMWミニに続く、欧州製歴史的大衆車復刻シリーズの第三弾といえる。

この3台に共通するのは、すべて商業的に大成功を収めていることだ。それも事前の予想をはるかに上回る成功だ。VWのニュービートルなどは、ほんのニッチカーのつもりでカリフォルニアのデザインスタジオが考えたのに、アメリカでもヨーロッパでもすっかり基幹車種のひとつになった。

フィアット500は、2011年になって2気筒の〝ツインエア〟を出してきた。シリンダーの数までリバイバルさせたのだ。昔の中に未来があった、というか、未来が昔考えていたものとは違ってきたのか。考えさせられることが多い。なんにも考えていないようでいて、実はとても考えさせられるクルマである。

コペン
【Copen】

⇩車名「ダイハツ・コペン」

軽自動車唯一のスポーツカー、と登場時の02年に紹介されたが、11年夏現在もやはり唯一の軽スポーツカーである。

デビュー当時、価格で3倍以上するメルセデスSLKのバリオルーフと同様の〝アクティブトップ〟を採用したのがミソ。金属屋根が電動で折り畳まれる可変ハードトップはその後、流行とも言えるほどの広がりをみせたが、200万円以下のクルマの装着例はほかにない。プリウスは台数が増えて、すっかり黒字化しているが、コペンは今だに〝持ち出し〟という噂も。

週末、キャップをかぶった熟年男性ドライバーがニコニコしながら乗っていることが多い。

ゴムどうりょくじどうしゃ
【ゴム動力自動車】

ゴムを動力にした自動車のこと。そのまんまだが、毎年10月、群馬県の高崎市で「ゴム動力自動車コンテスト」が開かれている。

創意工夫のカタチや設計はさまざまだが、要はむかし学習誌の付録工作キットに付いていたゴム動力カーの〝大きいやつ〟である。ただし、3輪以上で、人が乗って操舵できることが条件。

ゴムは工業用の大きな輪ゴムを繋げて束ねるのが一般的だ。自転車の部品を流用したチェーン駆動が多いが、傘歯車のギヤ駆動やコッグドベルトを使う本格派もいる。

エネルギーチャージはバックである。クルマを後ろに押してゴムを巻く。巻きすぎると、切れる。実際、スタートラインで大音声をあげて切れるクルマもいる。しかし、走り出すと、原動機（ゴム）は無音だ。

コンテストとは名ばかりで、70mの直線路を1台ずつ走り、ゼロコンマ2桁までのタイムを競うレースである。ただし、遅い。トップでも12秒くらいだから、小学生のかけっこにも負ける。ゴム動力が次世代エネルギー車の救世主になるとは考えにくい。

だが、ゴムでも〝速さ〟を競うところがおかしい。いい意味で「人間、ダメだこりゃ」と思わせる楽しいイベントである。

ゴルフ【Golf】

⇩車名「VWゴルフ」

21世紀も10分の1が過ぎようとしている。ここで早くもカー・オブ・ザ・21stセンチュリーの「まじめ部門」を決めるとすると、ゴルフが最右翼ではないかと思う。

攻勢に出たのは、2003年登場の5代目からだ。1・4リッターにダウンサイジングした直噴4気筒に、ターボ付きとプラス・スーパーチャージャーの〝ツインチャージャー〟を揃え、ツインクラッチ変速機のDSGを採用した。さらにはGTIを2リッターターボで復活させた。事実上、装備のパッケージオプションと化していた高性能モデルを本来のスーパーゴルフとして立て直したのである。

2009年からの現行型では、ベイシックモデル（257万円）に1・2リッターターボを搭載した。日本のゴルフが1・2リッターエンジンで走ることになるなど予想もしていなかったが、乗ってみると、まったくなんの不満もない。TSIエンジンは、1・4リッターも含めてとくに高速巡航燃費には目を見張るものがある。

高性能系ではない現在のフツーのゴルフは、パーフェクトな実用車である。なんて言ったらつまらないクルマみたいだが、そうではない。お

いしいゴハンを食べて、しみじみおいしいなあと感じるように、ゴルフは乗っていてしみじみいいクルマだなあと思えるクルマになった。かつてなかば苦しまぎれに「質実剛健」と表現されたガサガサゴワゴワした肌触りが、今のゴルフにはすっかりない。包装紙のシワにこだわるようなうるさがたの日本人も満足させられるクルマになった。それでいながら、ドイツ製ファミリーカーの背筋の正しさは相変わらずだ。5代目以降は技術的にも世界中のライバルをリードしてきた。

最近、ゴルフは圧倒的に日本車からの買い替えが多いという。女の子ども店長がエコカー減税をかん高い声で謳うTVコマーシャルは、だれよりも販売店を勇気づけ、喜ばせたらしい。ついにVWが日本人のフトコロに飛び込んできてくれたと。

ゴルフが元気でないと、プジョーもシトロエンもミニも輝けない。

コルベット【Corvette】

⇩車名「シボレー・コルベット」

GMの〝クラウン・ジュエル〟(王冠に付く宝石)。

スーパーカー価格のZR-1(1490万円)もあるが、米国大衆スポーツカーとしての面目躍如は、〝Z06(ズィーオーシックス)〟である。985万円で511馬力の7リッターエンジンが付いてくる。6段マニュアルと組み合わされるV8・OHVは、アイドリング時の存在感からして、ノーマル・コルベットの比ではない。

しかも、Z06は直線番長ではない。トランス・アクスルを採用する現在のコルベットは、もともと前後重量配分ほぼ50対50のハンドリングカーだが、さらにZ06はドライサンプや強力なLSDを与えられ、タイトコーナーでもキュッとターンしてのける。フレームは総アルミ化され、ボディにも一部カーボンが使われて、車重はいちばん軽いフェアレディZよりも40kg軽い。コーナーでの俊敏性はサプライズである。

21世紀に7リッターとは、ほとんどインモラルに聞こえるが、450㎞を走った燃費は5・9㎞/ℓだったから、V8の大型SUVに後ろ指をさされるいわれはない。米国メーカーのつくった小型車に感心したためしはないが、かつてコルベットに裏切られたことは一度もない。なかでも、Z06は史上最良のアメリカン・スポーツカーである。

◆

ピクサーのディズニー・アニメ『CARS』でも、コルベットが主役を演じている。レースのチャンピオンを狙う〝稲妻マックイーン〟が、最後は速さだけではない、スローライフな価値観に目覚めるというお話。

コルベットが思いを寄せるカノジョは、ポルシェ911。サーキットで黄色い歓声を上げる観客が、マツダ・ミアータ（ロードスター）。60年代ヒッピー・ムーブメントの象徴だったVWタイプ2（バス）が出てきて、お説教したりする。

おもしろかったのは、ミニバンとSUVが馬鹿にされていたこと。「こんなとこ走るの、初めてなんだよー」と叫びながら、〝SUV訓練所〟で、銀ピカの超大径ホイールを履くハマーH2が、教官のウイリス・ジープにシゴかれる。ぼくが観たのは六本木ヒルズの映画館。ガイジンのお父さんがゲラゲラ笑っていた。

コンチネンタル・ジーティー【Continental GT】

⇩車名「ベントレー・コンチネンタルGT」

後席ではなく運転席にオーナーが座る、最も高いクルマ。

ベントレーはかつてロールスロイス傘下だったが、98年、ロールスロイスはBMWに、ベントレーはVWグループに買収された。

2003年に登場したコンチネンタルGTは新生ベントレーの象徴だ。エンジンは575馬力の6リッターW12気筒ツインターボ。加速性能はスーパーカー並み、Dレインジでアクセルを踏み続ければ、318km／h出る。だが、ふだんの走りか

らはとてもそんな高性能は窺い知れない。加速感にも減速感にも操舵感にも、いちいちシルクで包んだような〝まるさ〟が介在する。それが眠気を誘うきらいはあるが。

　ロールスロイスの本拠地だったクルーの工場を引き継いで、生え抜きの職人が丹精込めてつくる内装は圧巻だ。ここにはフェイクは存在しない。「ホンモノかな？」なんて下衆のカングリは不要だ。

　センターコンソールにセットされるサングラスケースは磨きこまれたウッドとアルミで出来ている。見ても触ってもほれぼれする。でも、7万8000円する。ダッシュボード壁面を飾る魚のウロコのようなアルミプレートは、戦前からの伝統的な装飾で、17万8200円。革の縫い目は〝コントラスト・ステッチ〟といって、25万1700円……。

　しかし、こんな時代だからこそ、このクルマは意味がある。東日本大震災のすぐあとに半日ほど乗ったのだが、いつにもまして「いいなあ」と思った。高級な走行感覚や、フェイクなしの手工インテリアから醸し出される豊かさが、不安でささくれだったココロにしみたのだ。

　こういうクルマが町を悠然と流している景色は、こんなときだからこそギャラリーに元気と勇気を与えると思う。買える人はどんどん買いましょう。

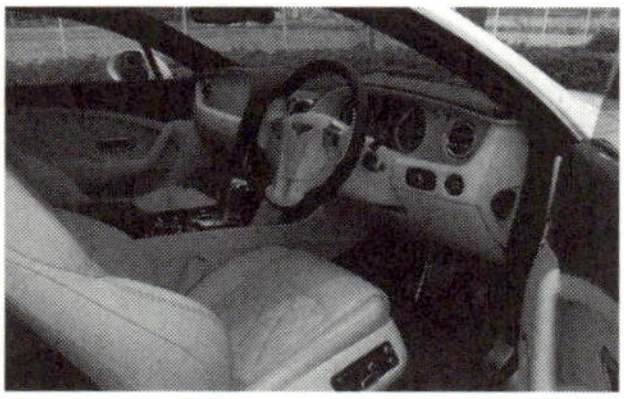

【さ】

サーブ
【Saab】

２０１０年に親会社のＧＭが手放して以来、漂流するスウェーデンのメーカー。

80年代、本国の試乗会へ行くと、スウェーデン空軍のサーブ・ビゲンが上空でアクロバット飛行を見せてくれた、あの勢いや今いずこ。現在、サーブ権は中国にある。日本ではケイターハムを扱うＰＣＩが９－３（ナイン・スリー）と９－５を輸入している。

サイ
【Sai】

⇩車名「トヨタ・サイ」

メタボ・プリウス。

北米用カムリ・ハイブリッドの２・４リッター４気筒ユニットを搭載した４ドアセダン。レクサスＨＳのトヨタ・ブランド版といっていい。ＨＳよりは実質的で安いが、それでも最上級モデルでは４３７万円になる。パッと見、プリウスに似ているが、全長は15㎝長い。ハイブリッドの心臓を持つ「小さな高級車」とトヨタは主張する。

パワーは２・４リッターの地力を

トヨタ・サイ

感じさせるものの、アクセルレスポンスは鈍い。足まわりの印象も含めて、終始悠然と走るのが持ち味。燃費にこだわるなら、もちろんプリウス。最大の意義は「隣のプリウスが小さく見えまーす」である。

さんシリーズ
【3 series】

⇩車名「BMW3シリーズ」

BMWの基幹モデル。E90系と呼ばれる現行型は2005年登場。

4気筒モデルもいいが、6気筒はさらにもっといい。ただし、どちらも高い。320iの434万円から、335iカブリオレの815万円まで。〝いいけど高い〟のが3シリーズの特徴である。

かつて「六本木のカローラ」と言われたクルマが、なかなか「ニュータウンのカローラ」になれないのは、やはり不景気で可処分所得が減ったせいか。ダウンサイジングして、それがミニやX1になったという見方もある。

さんびゃくシー
【300C】

⇩車名「クライスラー300C」

クライスラーのフルサイズセダン。

1950年代の高性能クライスラー、300に似せたフロントグリルに、チョップトップふうの低い上屋。

BMW3シリーズ

上品に乗りこなすのはむずかしい。とはいえ、〝アメ車のセダン〟らしい押し出しを持つセダンはいつのまにかこれだけになってしまった。

ちょっとコワそうな外観に対して、スクエアな室内は意外やまじめで実用的。全長5mだから、後席も広い。エンジンは360馬力の5・7リッターV8。3・5リッターV6もあるが、ここまできて、腰がひけてどうする。

このフォルムで登場したのは、ダイムラー・クライスラー時代の2003年。11年にモデルチェンジしたが、イメージはまったく変わっていない。

現在のクライスラーはフィアット傘下にある。11年に復活したランチア・テーマがターボ・ディーゼルを積んだクライスラー300Cだったのには驚いた。

【し】

シー・アール・ズィー【CR-Z】

⇩車名「ホンダCR－Z」

カッコは速いが、草食系。

インサイト・ベースの3ドア・スポーツクーペ。〝スポーツ化〟するためにエンジンを2バルブの1・3リッター（88馬力）から4バルブの

クライスラー300C

1・5リッター（113馬力）に強化。10kWのモーターは変わらないが、インサイトにはないMTを用意する。日米市場メインのインサイトに対して、CR－Zは対欧戦略車で、ヨーロッパ向けはMTのみである。

◆

電力系はイジらずに、エンジンだけをパワーアップした。それが、よくもわるくもCR－Zのキャラクターを決定づけている。ホンダ式ハイブリッドの特徴である〝電動アシスト感〟がインサイトより希薄なのだ。相対的にモーターのプレゼンスが減じたのだから、それも当然だ。

モーターボ感（?・）のない1・5リッター4気筒はやや霞がかかったようなエンジンで、CVT付きだとなおさらモッサリした印象になる。とくにエンジン回転の落ちが悪いのが気になる。

だからMTを選びたいが、それでも、おなかにガツンとくるようなスポーティカーではない。アイドリング付近のトルク感はオヤッと思うほど細いし、6600rpmのレヴリミットまで回しても、アドレナリンは出ない。そこはやっぱり草食系の「グリーンマシン」である。ヨーロッパでトルクの太いディーゼル・ターボの欧州コンパクトと戦うのは、かなりタイヘンだろう。〝タイプR〟の登場を期待。

ジー・エル・ケー【GLK】

⇩車名「メルセデスベンツGLK300・4マチック」

隠れた好感メルセデスSUV。

2008年の北京モーターショーでデビューしたメルセデス初のコンパクトSUV。メルセデスのモデル名につく〝K〟は、ドイツ語〝kurz〟(短い)の頭文字である。大型SUV「GLの短いやつ」を意味するこのクルマは、Cクラスの車台をベースにする。

5ドアボディは、なんとなくアルパカを連想させる。なかなか味のあるカタチだが、スタイリッシュとは言い難い。しかし、乗ってみると、このカタチこそGLKのよさそのものなのだということがわかる。

立ち気味のフロントウィンドウのおかげで、ダッシュボードの奥行きが浅い。そのため運転席から〝外〟が近い。大きなフロントガラスごしにボンネットが隅々まで見渡せる。最近、鼻先の位置がこれほど掴みやすいクルマも珍しい。

ボディ全高は低めで、アイポイントは普通のセダンとそれほど変わらない。SUVのなかでは、とりわけ運転しやすいクルマである。

最も好印象なのは足まわりだ。しなやかで強靱なサスペンションがもたらすメルセデス独特の快適な乗り心地は、昔から「メルセデス・ライド」

と評されてきた。ＢＭＷを意識して機敏な操縦性を追求するあまり、最近のメルセデスはこのメルセデス・ライドを二の次にする感なきにしもあらずだが、ＧＬＫはその点でも正しい伝統の継承者である。ねっとりした、えもいわれぬ高級な乗り心地が味わえる。

ただし、エンジンは3リッターV6だから、価格（６７５万円）はコンパクトではない。

シー・クラス

【C class】

⇩車名「メルセデスベンツCクラス」

最もコンパクトなメルセデスのセダン／ワゴン。ライバルのＢＭＷ3シリーズ、アウディＡ4と比べて最もコンパクトなボディが、今やひとつの長所か。標準モデルは1・8リッター4気筒ターボのＣ１８０（３９９万円）。

２００７年デビューの現行モデルは、Ｃクラスとしては3代目にあたる。モデルチェンジのテーマは「アジリティ」（敏捷性）。3シリーズのスポーティな運動性能がベンチマークだった。

２０１１年にマイナーチェンジした最新モデルは「メルセデス史上最高傑作のＣ」と謳う。よく考えると、「だから新しくしたんでしょ」というあたりまえの広告コピーなのだが、メルセデスが言うとタイヘンな

クルマに思える、という人たちが、Cクラスのターゲット・ユーザーである。内装にクロームのパーツが多用されるようになったのはアウディの影響か。といった具合に、近年、追従型の改良が目立つようになったのは残念である。

シーさんじゅう【C30】

⇩車名「ボルボC30」

キュートなボルボ。

ボルボでいちばんコンパクトなスポーツワゴン風3ドアハッチバック。86年登場の〝480〟や、古くは60年代に人気を博した2ドアクーペ〝P1800〟など、妙にカッコイイ系ボルボの新作として2006年にデビュー。

でも、乗れば、いつものボルボ。乗り味に生き急ぐようなせせこましさがないのがいい。ゴルフやプジョー308とはまた違った大人の味がある。

5気筒の2・5リッターターボもあるが、2リッター4気筒（299万円）で十分。

シー・スリー【C3】

⇩車名「シトロエンC3」

いきなり笑顔。

プジョー207と車台を共有するポロ・クラスのコンパクト5ドア。

ボルボC30

シトロエンC3

C4の標準モデルと同じ1・2リッター4気筒を積む。

　C4ピカソからアイデアを頂いた〝ゼニス・ウィンドウ〟がサイコー。フロントガラスが前席乗員の頭上まで延長されている。乗り込むと、いきなり〝遊びに来た〟感じがする。ソフトな乗り心地もイイ。シトロエンは柔らかくなくっちゃ。

　弱点は4段AT。これでポロの7段DSGと戦う、その根性やよしかもしれないが、高速道路へ行くと、さすがにエンジン回りすぎの印象は拭えない。いちばん安い（209万円～）のをタウンカーとして使いましょう。

ジー・ティー・アール
【GT-R】

⇩車名「日産GT－R」

史上最速の日本車。であることは疑いないが、個人的見解では、世界一速い日本車ではないかと思う。

　テストコースで測れば、これよりまだ速いロードカーはあるだろう。しかし、GT－Rほど〝実用的に速い〟クルマはない。〝速さ〟をこれほど〝素早く出せる〟クルマはない。2007年のデビュー以来、480馬力だった3・5リッターV6ツインターボは、10年のマイナーチェンジで530馬力に発展し、速さにいっそう磨きがかかった。

　並みのクルマではアゴを出す荒れ

た路面のコーナーでも、GT－Rはコマネズミのように速い。凸凹でラインが乱れそうになっても、駆動系やシャシーの電子制御を総動員して、自ら軌跡を整えて切り抜けてゆく。その間髪を入れぬロボテックな修正ワザがGT－Rの真骨頂だ。

価格は「870万円から」だが、自動車としてのプレゼンスというか、機械の濃密さというか、要は「カネかかってるなあ」と感じさせるオーラは、倍以上の値札をさげるヨーロッパのスーパースポーツに負けていない。コールドスタート後、各部のオイルが温まるまでは、露骨にガクガクするし、変速機や駆動系からの機械音も出る。このときばかりは、デートカーと呼ぶにはちょっと物騒だが、水温計の針が上がると、ウソのように静かになるのが〝機械馬〟のようで愛しい。

GT－Rは日本人のクルマ愛の集大成だ。〝走り〟という英訳不可能な性能に、すべてを捧げたすばらしく日本的な超高性能車である。少しでも長くこのまま突き進んでもらいたい。

ジー・ティー・アイ【GTI】

⇩車名「VWゴルフGTI」

高性能ゴルフの代名詞。

2009年登場の6代目ゴルフには、さらに強力な2リッターエンジンを積む〝R〟もあるが、GTIの牙城は揺るぎない。サーキット走行へいざなうRは、見た目も乗り味も普段使いには激しすぎる（シロッコRも同じ）。あくまで実用ハッチバック、ゴルフの皮を着た狼というところにGTIの価値がある。

国内導入された現行GTI（368万円）に初めて試乗したとき、「こりゃスーパーカーだ！」と思った。パワーとか速さの話ではない、運転感覚、走行感覚から感じ取れる機械的洗練性が、たとえばアウディR8のような、はるかに高価なスーパーカーを彷彿させたのである。

日本仕様はついにMTが落とされて、6段DSGのみになった。エンジンがプーンと回って、ヒュンとシフトアップする、そのときのかすかな〝いななき〟は小さなF1みたいだと思った。

2リッター4気筒ターボは、フリクション低減とコンパクト化をテーマに見直された新エンジンである。211馬力のパワーは先代GTIの5％増し。CO_2排出量は9％減って173g／km。0－100km／h＝6・9秒の加速データは旧型と変わらないが、最高速は5キロプラスの238km／hに向上している。これって、昔のスーパーカーの、下駄を履かせない最高速度である。スーパーカーブーム末期の70年代終わり、並行輸入の小さなショップでイ

ゴルフGTI

タリアン・スーパーカーを借りて、谷田部高速試験場でのテスト結果を報告すると、「せめて250ってことにしといてよ」と言われたものである。最新のGTIはそれの10キロ落ちでしかないのだ。どこまでいくんだジー・ティー・アイ!? それだけがちょっと心配だ。

ジー・ティー・アイ【GTI】

⇩車名「VWポロGTI」

プアマンズ・ゴルフGTI。

ターボとスーパーチャージャーをダブルがけした1・4リッターツインチャージャー搭載のポロ。ゴルフTSIハイラインのエンジンだが、160馬力をわざわざ179馬力までチューンしている。

最高速は225km/h。0-100km/h加速はなんとゴルフGTIの6段DSGと同じ6・9秒。日本に入っていないMT仕様(7・2秒)なら、勝てる。〝GTI弟〟の動力性能をこんなに上方修正していいのだろうか。

実際、加速とコーナリングは電光石火。〝速さ感〟ではゴルフをしのぐ。ほかのポロと共通の乾式7段DSGはGTIのトルクが対応のリミットと言われるが、変速マナーにとくにイッパイイッパイな感じはない。燃費も優秀。

だが、足まわりはかなりハードで、

ポロGTI

乗り心地はファミリーユースには黄信号。荒れた舗装路だと、サスペンションの硬さに上屋《うわや》がついていけない感じで、ボディ剛性もそろそろ専用チューンが必要。そこまでの走行品質を求めるならゴルフＧＴＩをどうぞということなのだろう。価格（２９４万円）はＧＴＩ兄より74万円安い。でも、あえてポロＧＴＩにするという選択は大いにある。

シー・ティーにひゃくエイチ
【CT200h】

⇩車名「レクサスＣＴ２００ｈ」
ベスト・レクサス？　プリウスと同じ１・８リッターのハイブリッド・ユニットを積むスポーティ５ドア。

プリウスになくてＣＴ２００ｈにあるものは、まずパドルシフト。Ｓレインジを選ぶと、シーケンシャルの６段変速機として扱える。３段切り替えのドライブモードを〝スポーツ〟にすれば、電子メーターにタコメーターが〝出る〟。アクセルペダルの反応も鋭くなる。重心感覚の低いシャシーはスポーティだが、快適な乗り心地はプリウスよりワンランク上等。価格（３５５万円より）はツーランク上。

プリウスより車重はさらに50kg重いため、絶対的な動力性能はそれなり。加速感も、パンチではなく〝伸び〟を楽しむタイプだ。吸っても味がしない低タール・タバコ的なイマ

イチ感を覚えるのは、ホンダCR－Z と同じだが、それはいまだにハイライトの味を憶えているオジサンのほうに多少モンダイがあるかもしれない。

でも、ハイブリッド・スポーティカーとして新しさはある。レクサス的高級感ただよう運転席の居心地もなかなかよい。

シー・ファイブ【C5】

⇩車名「シトロエンC5」

最も個性的な欧州中型セダン／ワゴン。

C6が「在庫限り」となって、ハイドロ・シトロエンはこのC5のみになった。1955年の〝DS〟以来、シトロエンがこだわり続けてきたオイルと空気によるサスペンション、〝ハイドロ・ニューマチック〟を備えるシトロエンだ。最新バージョンは、〝ハイドラクティブⅢプラス〟と呼ばれる。

「油圧のお化け」と陰口を叩かれたサスペンションも、今は5年間、または20万kmのあいだ、メインテナンス・フリーである。かつてはステアリングやブレーキまで同じ油圧ラインを使っていたが、ハイドラクティブになってから、仕事をサスペンションのみに限定した。そのため、ハイドロ・シトロエンといっても、CXやBXのころのようなブッとん

だ運転感覚は持ち合わせていない。

じゃあ、C5の乗り心地や操縦性が凡百の金属サスペンションと同じかというと、けっしてそんなことはない。一般道や高速道路を普通に流していても、やはり〝ハイドロ足〟は独特だ。

外乱を受けて車体の姿勢が変わるフトした拍子に、ウォーターベッドのような柔らかさを見せる。かと思えば、しなやかに感じたサスペンションが、コーナーでは大きなロールを頑として許さない。依然、ハイドロ・シトロエンの乗り味は余人をもって代え難い。この足回りだけで、C5は指名買いする価値がある。

シー・フォー・ピカソ
【C4 Picasso】
⇩車名「シトロエンC4ピカソ」
ミニバンだってここまでデキる。

2006年のデビュー以来、ヨーロッパでも日本でも人気の中型ミニバン。日本に正式輸入されているのは3列7座のグランドC4ピカソである。

真髄は、なんといってもボディの楽しさである。運転席に座ってタマげるのは、小田急ロマンスカーの最前列を彷彿させるパノラマビューだ。フロントピラーが細い。加えて、屋根の鉄板が禿げ上がったように後退し、そこにフロントガラスが延びてきている。上も前も横も、三方ガ

ラス張りみたいなサプライズシートである。

ハンドルを握ったまま、上空を飛ぶセスナやヘリが見られる。停止線をオーバーして、上の信号機が見えないなんてことも、このクルマではありえない。そのかわり、晴れた日は脳天を直射日光に焼かれる。そのため、サンバイザーは前後に20cmもスライドする仕掛けをもつ。デザイナーやり放題という感じだ。

ミニバンでも、ここまで遊ぶのがスゴイと思う。これに比べると、トヨタのノアやヴォクシーのデザイナーって、少なくともヒマでしょう。スポーツカーでもオープンカーでも高性能車でもないのに、こんなに人をウキウキさせてくれる。フランス車から見習うべきものは多い。

じどうしゃ【自動車】

個人の移動手段のなかで、最も社会性の高い乗り物。社会性とはルールのことで、つくるのにも、走るのにも、これほどルールに縛られている乗り物はない。

借りていた試乗車に自転車を積み、返却して自転車で帰ってくる。つまり同じ道を、往きはクルマ、帰りは自転車で走る。残念ながら、自転車に乗り換えて走り出したときの解放感といったらない。

だが、この解放感が何十年か前ま

ではクルマにもあったのだ。だから、クルマがこんなに愛されて、流行ったのだ。21世紀、クルマはこの解放感を少しでも取り戻せるのだろうか。

じどうしゃメーカーのじてんしゃブーム
【自動車メーカーの自転車ブーム】

エコな乗り物として自転車が注目されるようになって、自転車づくりに参入する自動車メーカーが増えてきた。

プジョーの自転車は有名だが、これは別口で、四輪のプジョーと同じ資本系列のプジョー・サイクルという自転車メーカーが昔からある。ドイツのオペルは、自動車製造を始める前の19世紀には自転車をつくっていた。

何年か前、某国産メーカーの広報部から電話があった。ウチもそろそろ自転車をやりたいのだが、どうしたものかという情報収集だった。

聞けば案の定、既存メーカーのMTBに自社のシールを貼る程度の〝計画〟だった。モーターショーのブースや販売店のショーウィンドウに、小道具的に自転車を置きたいだけなのだ。

ここでいうブームの主役はもう少し本気でまじめである。熱心なのは欧州、とくにドイツ・メーカーで、

ポルシェの自転車

ポルシェ、メルセデスベンツ、BMW、アウディ、フォルクスワーゲンなどが2000年前後から相次いで自社ブランドの自転車をつくり始めた。環境問題が声高に叫ばれるようになって以来、欧州最大の自動車生産国は、国をあげて自転車の普及に取り組んでいる。クルマはそれに敵対するものではない、という意思表示が四輪メーカーを自転車づくりに向かわせたのである。

とはいえ、自動車メーカーがクルマの生産ラインを縮小して自転車をつくり始めた例はまだない。彼らもまだそこまで世をはかなんではいない。どんなに深くコミットしているところでも、社内のスタッフがやるのは、企画立案からせいぜいがフレームのデザイン止まりで、実際の生産は委託された専業メーカーが行っている。

メルセデスの自転車は、初期のブレーキにABS機構を付けていた。BMWは車内に収納するために、大型のMTBにも折り畳み機能を盛り込んだ。

この分野ではパイオニア的存在のポルシェバイクは、スポーツカーメーカーの意地で軽量にこだわり、ロードバイクにもMTBにも早くからカーボンフレームを採用した。リコールの扱いはクルマとまったく同じで、製品に問題が発生すると、ポルシェのホームページでインフォメー

ベンツの自転車

ションが告知される。

　といったように、自動車メーカーの〝ポーズ〟という批判がある一方で、新規参入者ならではの新たな魅力やおもしろさもある。

ジムニー

【Jimny】

⇩車名「スズキ・ジムニー」

若者よ、ジムニーに乗れ。

　スズキの軽オフロード四駆。現行型にモデルチェンジしたのは、旧世紀の98年。現役の国産新車のなかでも最古参に属する。

　そのため、最近は試乗車も用意されていないことが多く、そこをなんとかスズキ広報部に頼み込むと、2万km以上走ったディーラーの営業車を貸してくれたりする。（鼻のアブラをつけた〝広報チューン〟を用意するメーカーも多いなか、そんな田舎のおじさん的対応をするスズキが好きである）

　3気筒エンジンはターボのみ。MTもあるが、ビューンと小気味よく回るこのエンジンにはATのほうが合っている。

　四駆のカタチをした乗用車と違って、ジムニーの背骨には頑丈なハシゴ型フレームが通る。加えて、ボディの軽さとコンパクトさを利した悪路走破性の高さは相変わらずだ。

　とはいえ、ひと昔以上前の設計だから、随所に古さは隠せない。全体

がちょっとずつ古い。開発時の評価基準がそもそも〝ひと昔前〟な感じだ。

だが、乗り心地や静粛性など、オンロード性能は必要十分。それでオフロードも強いのだから、ジムニーならどこへでも行けるという〝万能感〟が真骨頂。最新のオシャレな街乗り軽のように洗練されてはいないが、「〝よさ〟を追求すると、結局、人はクルマから離れていく」という法則からすると、これくらいのボロっちさはむしろ「良薬、口に苦し」的なクスリである。

ジムニーに乗っていれば、クルマ愛は永久に不滅です。

ジューク【Juke】

⇩車名「日産ジューク」

「ついてきてます」

ヨーロッパではミニと同クラス（Bセグメント）で戦うコンパクトSUV。

月面車みたいなカタチは〝好み〟だが、個人的にはキライじゃない。中国製のクルマか!?　と思うこともあるが、フトした拍子にすごくカッコよく見えることがある。左右フロントフェンダー上面に大きなポジションランプを付けたため、運転席から自分のライトが見えるというのもおもしろい。

室内では、オートバイの燃料タン

クを模したという前席中央部の造形がスゴイ。今の日本車がよくこんな強いデザインをしたものだと感心する。

　だが、2010年のデビュー以来、メーカーや周囲の予想以上に売れているのは、実はそのせいかもしれない。強くても、意外やみんなついてくるのである。かつてのプジョー206人気と同じだ。顔のないプリウスやデザインしていないミニバンばっかりに嫌気がさしている日本人だって多いのである。

　エンジンは1・5リッターと1・6リッターターボ。目玉は「まるでスポーツカーを操っているような楽しさ」を追求したと謳う四駆の〝16GT FOUR〟だが、言い過ぎ。乗り心地のいい1・5リッターモデル（169・1万円〜）のほうがいい。

ジョン・クーパー・ワークス
【John Cooper Works】

⇩車名「ミニ・ジョン・クーパー・ワークス」

　BMWミニの最高性能モデル。ジョン・クーパーとは、初代オリジナル・ミニ・クーパーをつくった英国自動車界の偉人（1923〜2000年）。ジョン・クーパー・ワークス（JCW）とは、BMWミニとの新しいビジネスを始めるために彼が興した会社である。残念ながら設立直後にジョン・クーパーは亡

くなり、息子のマイケルがあとを継いだが、その名前がミニのトップモデルに使われることになった。

175馬力のクーパーS用1・6リッター4気筒ターボを211馬力までパワーアップしたのがJCWである。変速機は6段MTのみ。ミニもここまでくると完全な男モノのスペックになる。

100㎞/h時の回転数は6速トップで2500回転。追い越しにシフトダウンは不要だ。そのまま右足を踏み込めば、キックダウンをきかせたAT車のように、素早い加速がきく。と、そんなふうに書くとつまらないエンジンに聞こえるかもしれないが、そうではない。6400回転のレブリミットまで、ストレスなしに回り、〝回し甲斐〟も十分ある。ピューっという笛を吹くようなターボサウンドがちょっとやりすぎに聞こえるが、フル加速は思わず笑っちゃう速さである。

それだけの大パワーエンジンをねじ伏せる足まわりは、逞しいの一語。ンなこと言ったって、じゃあこのパワーをどうする！　という感じでギュッと締め上げられている。デリケートな作動感はないが、アップダウンに富んだワインディングロードを走ると、まるでサイボーグを走らせているみたいでおもしろかった。

ただし、ミニのなかでは飛びぬけて高い390万円。

シロッコ【Scirocco】

⇩車名「VWシロッコ」

見ても乗ってもカッコイイ。なつかしの車名を17年ぶりに復活させたコンパクト・クーペ。ゴルフV《ファイブ》ベースの車台に、スタイリッシュな4座の3ドアボディを載せる。

◆

VWにはゴルフGTIという飛び道具がある。果たしてGTIとの棲み分けをどうするのかと思ったが、乗ってみたらいらぬ心配だった。シロッコには「クーペのエモーション」がある。

まず重心感覚が低い。ワイドトレ

ッドで路面を掴む実感にあふれ、地面を身近に感じる。

　コクピットにもクーぺらしいタイト感がある。さらにこのクルマは、運転席から後ろを振り返っても、カッコイイ。２人用に画然と成形されたリアシートのデザインがカッコイイ。外の景色を三角形に切り取る小さなリアクォーターウィンドウもカッコイイ。長年いろんなクルマに乗ってきたが、豪勢なエンジンを背負ったミドシップのスーパーカーでもないのに、後ろを振り返ったときの〝絵〟がこんなにカッコいいクルマは初めてである。

　外から見ると、後席空間は〝捨てる〟やに見えるが、膝まわりも頭上空間も十分に確保されている。こう見えて、実はフル４シータークーぺである。

　エンジンは２リッターと１・４リッター。２リッターには２５６馬力の〝Ｒ〟もあるが、エモーションがあるのだから、パワーに頼る必要なし。１６０馬力の１・４リッター（３５０万円）で十分、というか、そのほうがノーズが軽くて楽しい。変速機は全車ＤＳＧ。本国にある１２２馬力の１・４リッター＋６段ＭＴあたりがいちばんよさそうだ。

しろバイ
【白バイ】

マラソンや駅伝で、ランナーに排

後席美人

ガスを浴びせるオートバイ。

テレビ中継されるような大きなランニング・イベントだと、伴走するオフィシャルカーは今やほとんどがエコカーである。プリウスが定番だが、最近は三菱アイミーブや日産リーフら、排ガスゼロのEVが増えている。

なのに、先導する白バイの旧態依然ぶりはどうだろう。二輪車の排ガス規制はクルマよりゆるい。排ガスのニオイもクルマよりきつい。その大型バイクがマラソンの先頭集団の前をずっと走り続けるのだ。箱根大学駅伝5区の山登り区間などは、バイクのエンジンにだって負荷がかかるから、浴びせかける排ガスの量も相当なものだろう。

そもそも、アスリートが走る平和なイベントに、警察がなぜこれほど出しゃばるのか。そんなに日本は治安が悪いのか。警備のためにしても、観衆で溢れた歩道から不届き者が飛び出した場合、白バイに高い機動力があるとは思えない。バイクを止めて、ヘルメットをかぶったまま走って追っかけるのか。

そうしたことに日本のマスコミが疑問を投げかけることはない。むしろテレビ中継では、白バイ隊員の所属や経歴をアップで紹介することが慣例になっている。高い視聴率をとる「警察24時」シリーズに全面協力してもらうための根回しだから。

欧米のマラソン大会では、自転車による伴走警備が増えてきた。スマートでカッコイイ。

そんなにランナーを先導したいなら、日本の警察もそろそろ白バイを〝白いバイシクル〟に変えなさい。

しんやでんりょく【深夜電力】

深夜は電力が安い、と、多くの人が誤解している言葉。電気自動車の宣伝文句にも「深夜電力を使えば、こんなに安い」という表現が必ず出てくる。こうした惹句《じゃっく》を軽々しく使うのもモンダイである。

深夜の電気代を安くするには、電力会社と契約を交わし、工事をしてもらう必要がある。そうすると夜間は安くなるが、そのかわり、昼間は割高になる。通常の契約だと、24時間いつ使っても電気代は同じである。電気が余っている夜に電気を使わせるために、電力会社も深夜電力という言葉を正しく広報してこなかったフシがある。

◆

近くにある東京電力の支社へ行って、話を聞いてみた。

前月分の電気使用量明細を持参し、将来、EV購入なども検討しないではないので、深夜電力について教えてほしいと頼むと、女性スタッフが三菱アイミーブのカタログのコピーまで用意して丁寧に対応してく

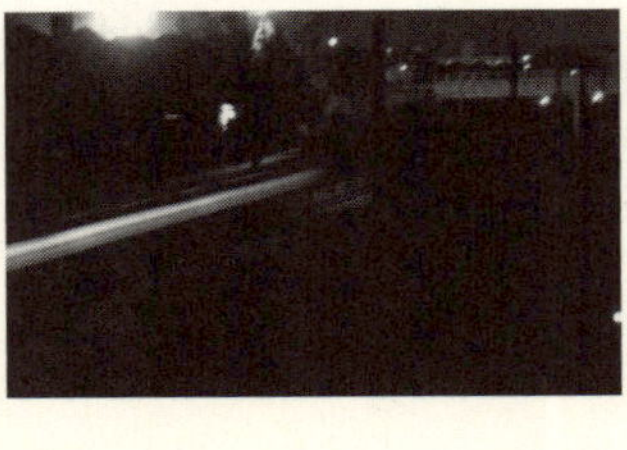

深夜電力電車。運賃は同じ

れた。最近こういう客がとみに増えているそうだ。

我が家の電気代は１kW＝24円である。これを深夜電力の使える最も手軽な契約に変更すると、夜10時から朝８時までは９円になる。しかしそれ以外の時間帯は31円にはねあがる。

東電がいま強力にセールスしている〝オール電化住宅〟は、深夜電力を使う契約とセットになっている。夜間、大量にお湯を沸かしておいて、さまざまな用途に使う。だが、家庭のエネルギーをすべて電気で賄うオール電化にするには、すでにある戸建て住宅からの改造でも、軽自動車が１台買えるくらいのお金がかかる。さらに、ガス会社との契約を終了することが必須条件と聞いて驚いた。オール電化住宅ではガスはいっさい使えない。焼き鳥を直火で焼きたいので、ガスコンロを１本残したい、なんていうのもダメなのである。

理由を聞くと、気密性の高いオール電化住宅ではガス漏れによる爆発事故がコワイので、とのこと。３・11後の今だと、原発を爆発させた会社が何を言うかという感じだが、そのときも東電社員の言葉の端々に、東京ガスへのライバル意識がしばしば露《あら》わになって、おもしろかった。クルマの世界でこれから激しくなる「電気と燃焼の戦い」はここでも始まっていたのだった。

【す】

スイフト
【Swift】

⇩車名「スズキ・スイフト」

21世紀に入って、最も〝伸びシロ〟の大きかった日本車。

２０００年に出た初代スイフト、つまり先々代モデルは、軽自動車の〝Ｋｅｉ〟の車台を流用した、文字通り軽に毛の生えたようなクルマだった。それが04年秋登場の先代モデルで劇的に進化して、いきなりヨーロピアン・コンパクトの標準にキャッチアップした。大躍進のワケは、ハンガリーの現地工場でつくるスズキ初の欧州戦略車という大役を担ったためである。

２０１０年デビューの現行モデルは、欧州車流モデルチェンジの「正常進化」を絵に描いたような新型で、よほどの目利きでないと外観も先代と区別がつかない。１・２リッター４気筒エンジを改良し、ＣＶＴを刷新するなど、中身も着実にバージョンアップした。国内の販売目標は年間４万８０００台だが、ハンガリーの工場では10万台がつくられる。

グローバリゼーション（世界規模化）というのは、クルマ好きにとってはたいていおもしろくない話であ

る。だが、スイフトはそれまでがとびきりドメスティックだっただけに、国際標準が一気にハードをよくして、クルマ好きも楽しめるクルマになった。イギリスの自動車専門誌で一つ星からいきなり五つ星に変わったクルマも珍しい。

スカイアクティブ【SKYACTIV】

⇩車名「マツダ・デミオ13－スカイアクティブ」

走るグライダー。

リッター30km。10・15モード燃費のカタログ値でフィット・ハイブリッドと肩を並べたのが、新型デミオのスカイアクティブだ。つまり、タダの1・3リッターエンジンで、1・3リッター・ハイブリッドと同じ燃料経済性を示す。価格は140万円対159万円。ハイブリッドが〝好燃費を買うクルマ〟なら、べつにもうハイブリッドなんていらないんじゃないか!? という疑念すら投げかける問題作（?）である。

タダのエンジンと言っても、スカイアクティブの新型4気筒は世界一高い14・0の圧縮比を実現するなど、ガソリンエンジンの効率を今できる究極まで突き詰めたタダモノではないエンジンだ。マツダおはこのアイドリングストップ機構も付く。

それを試しに行ったのは、群馬県館林《たてばやし》にあるマツダ・レンタカーであ

る。日程の都合でメーカーの試乗車が借りられなかったのだ。

なぜはるばる群馬県か。東京にも千葉にも埼玉にも、デミオ・スカイアクティブのレンタカーはないのである。安いといっても、スカイアクティブは1・3リッター・デミオ（114・9万円〜）でいちばん高い。もともとレンタカーグレードではないのである。ネットで見つけた館林のマツダ・レンタカーは、スカイアクティブ体験キャンペーンという企画モノだった。保険込みで12時間7035円。

さすがレンタカー、クルマはすでに走行8000㎞だった。そのかわり、いわゆる〝広報チューン〟の疑いはない。スタートしてから5㎞ほどで、東北道に乗る。

現実の燃費とはほど遠い10・15モード値だから、30㎞／ℓなど期待はしていなかったが、スタート後、42㎞走ったところで車載の平均燃費計は20・0㎞／ℓを超す。高速に上がってからは100㎞／h弱のペース。CVTは2000回転強でエンジンを回している。エコランは嫌いなので、エアコンはオン。ときどき追い越し車線にも出る。グッとくるパンチこそないが、非力ではない。そんな走り方をしていても、高速走行中に平均燃費は最高21・8㎞／ℓまで上昇した（写真下）。

北関東道から関越道へ抜け、越後

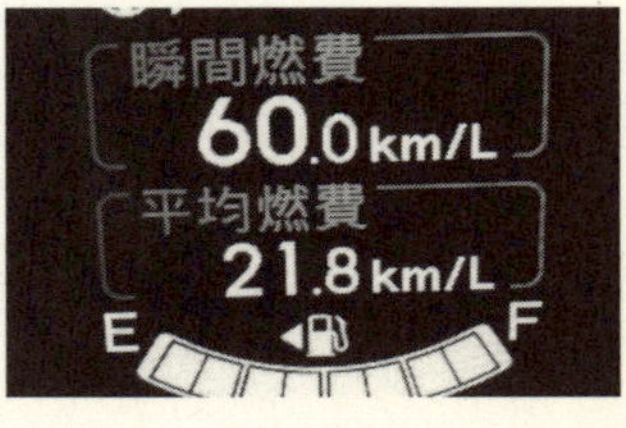

湯沢で国道17号に下りる。155km走った。ここでUターンして、17号の三国峠を越す。峠越えではけっこう飛ばしたのに、下道《したみち》を90km走って渋川から再び関越道に入ったときも、19・7km/ℓを保っていた。

帰りの高速では20・0km/ℓ台を取り戻したが、最後に25km一般道を走った区間でまた大台を割り込む。結局、この日は312kmを走り、19・8km/ℓだった。ワンデイ・ロングツーリングでこの結果だ。かなり優秀といえるだろう。プリウスには負けるものの、たしかにフィット・ハイブリッド並みかもしれない。

ただし、フィットのほうが車格を少し上に感じた。走り始めたとき、あのデミオがちょっと安っぽくなっちゃったかなと実は思った。しかしそのへんがスカイアクティブの真髄なのだということがじきにわかってきた。燃費のために、エンジンだけでなくボディもシャシーも、およそあらゆる無駄を「削ぎ落したこと」が、乗り味に現れているクルマである。マイナーチェンジ前のデミオのほうがしっとりしていたが、残っていた脂気や水気を完全に絞りきったのがこれなのだろう。車重1010kgと、大台はきれなかったが、国産同クラスのなかで、走りが最も軽い。機械のシンプルさも伝わってくる。グライダーみたいだ。軽さで走る感じは、パワーで走る感じより、好感

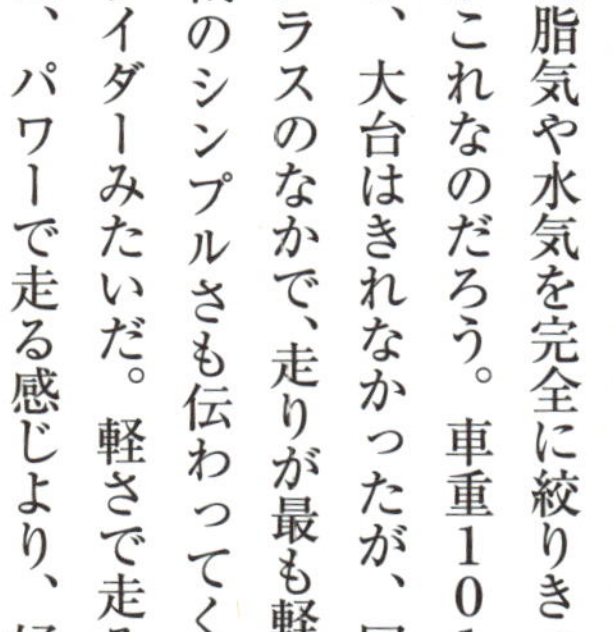

がもてる。そこがスカイアクティブのいいところで、1日300㎞あまり付き合ってみると、すっかり気に入ってしまった。

ただし、ダンロップのブルーアースという省燃費タイヤはやりすぎだと思う。グリップより転がり抵抗重視で、いまどき恥ずかしいくらいカーブでよく鳴く。軽量化したシートの上では、何度か座り直した。燃費レコードブレーカーゆえのそんな副作用も出ている。

スプラッシュ
【Splash】

⇩車名「スズキ・スプラッシュ」

欧州お取り寄せ。

GMグループ時代にオペルと共同開発した1・2リッターのコンパクト5ドア。オペル系では〝アギーラ〟の名で販売される。生産はスズキのハンガリー工場。つまり、輸入車。シャキッとした足回り、高いボディ剛性、シンプルな内装などはまぎれもない欧州スタンダード。クリーンなスタイリングも魅力だ。知られざる好感スズキ車。

スマート
【Smart】

⇩車名「スマート・フォーツーmhd」

日本じゃ売れないシティカー。

なぜなのか。最大の理由は2人

スズキ・スプラッシュ

乗りだからである。旧型にあった130万円台の軽登録モデルですら救世主にはなり得なかった。スマートに触発されてスズキが出した2人乗り軽自動車〝ツイン〟もダメだった。「大は小を兼ねる」の国で、2シーターの実用車が売れたためしはないのである。

だが、売れなくても、現行の2代目スマートはいいクルマだ。mhdとは〝マイクロ・ハイブリッド〟の略。といっても、プリウスのようなハイブリッドではない。三菱製1リッター3気筒エンジンにアイドリング・ストップ機構を付けた。それをmhdと呼んでいる。でも、言うだけのことはあって、ヨーロッパ車のアイドリング・ストップ機構としては出色の出来である。

だれも書かないから書くと、今のスマートはファン・トゥ・ドライブである。フロントタイヤの踏ん張り感が掴みにくく、後輪だけで走っているような感じが強かった旧型と比べると、操縦感覚はすっかりまともになった。山道を飛ばせば、ちょっとしたミニ911だと思うほど、コンパクトなリア・エンジン車としてハンドリングを楽しめる。

ふたりしか乗れないのだから、どうせなら〝カブリオ〟がいい。オープン2シーターなら、ふたり乗りでも後ろ指をさされることはないでしょう。ボディ剛性はクーペとほとん

スマート・カブリオ

ど変わらないし、天蓋が全幅にわたって開くキャンバストップの爽快感は格別だ。10㎝ほど開けると、風がヒタイのあたりに吹き下りてくる。熱源を後ろに置くリア・エンジンの有利に加えて、この〝ルーフベンチレーター〟を有効活用すると、夏場もエアコンなしでしのげることが多い。

【せ】

セグメント
【segment】

ヨーロッパで一般的に使われるクルマの大きさの分類。主にボディサイズを基準にして分け、アルファベットのAから始まる。だが、確固たる線引きがあるわけではない。あくまで便宜的なものである。

日本でこの分類を使うのは、メーカー関係者やメディアなどの専門家か、もしくは〝通〟に限られる。クルマくちプロレスのなかで「Cセグのなかじゃトップでしょ」などと使用する。

いちばん小さなAセグメントは、正規輸入車だとルノー・トゥインゴやフィアット500やパンダなど。ボディ全長3・6m、全幅1・65mくらいまで。ざっくり言って「ヴィッツやマーチやフィットやデミオら

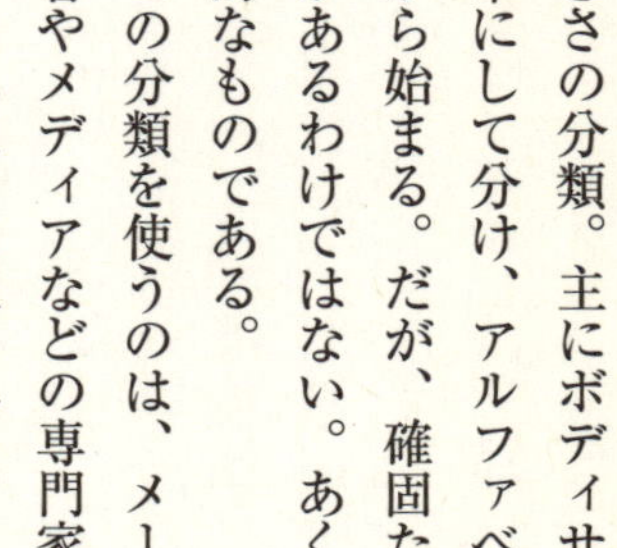

これは何セグメント?

の国産コンパクトカー」と軽自動車の中間にあり、軽自動車のほうに近いのがAセグメントである。

　日本車にこのサイズのクルマが存在しないのは、軽自動車があるからだ。しかし、トヨタは欧州専用のAセグメント車をPSAグループと共同開発／生産し、アイゴ（AYGO）の名で量販している。

　Bセグメントはその上の全長4mクラスで、VWポロ。Cセグメントの代表はゴルフである。なぜ急にVWだけになったかというと、単にいろいろ挙げていくのが面倒くさくなってきたからである。

　では、BMWミニはどこに入るかというと、ボディサイズならBセグメントである。でも、ミニをポロやマーチやスズキ・スイフトと同じクラスにくくるのは、なにか納得いかない。乗り味を思うと、もう半クラス上にするか、新しいクラスをつくりたくなる。つまり、おとなしくセグメント分けされているようなクルマは大したことないクルマという見方もできる。Aセグメントより小さいスマートやトヨタiQは、シティカーとかマイクロカーとか、またべつの言葉でくくられる。

ゼット
【Z】

⇩車名「日産フェアレディZ」

ニッポンのポルシェ911。そう

呼びたくなるくらい、長くのれんを守ってきた国産スポーツカー。初代Zの登場は1969年。63年生まれの911とキャリアはそれほど変わらない。

2008年にデビューした現行型は通算6代目。モデルチェンジのたびにボディが大きくなるのは、自動車の〝本能〟みたいなものなのに、新型は旧型より小さく、軽くなり、車重は100kgもダイエットした。軽快な操縦感覚はそれを納得させるし、乗り心地の品質感はガイシャを思わせる。おかげで、Zを運転していると、ワタシは曲がるときによくワイパーを動かしてしまう。

それに対して、3・7リッターV6エンジンにスポーツカーの色気が不足するのは残念。でも、マニアックな専用エンジンを持つ贅沢をあえてしてこなかったのが、Zのけなげな伝統といえる。その結果、300万円台で買えるオーバー300馬力のスポーツカーなんて、世界中探したってZだけである。

セニアカー
【Senior Car】

⇩車名「スズキ・セニアカー」

もうそこにあるEV。

スズキがつくる一人乗りの電動コミューター。一般名称は「シニアカー」だが、セニアカーのシェアが圧倒的である。

4輪車だが、クルマではなく電動車いすの仲間。道路交通法上は歩行者として扱われる。法的には「原動機を用いる歩行補助車等」である。当然、免許は不要。カタログにも「セニアカーは歩行者です」と太字で記してある。

だが、公共交通機関のない地方の過疎地では、お年寄りのマイカー、〝1台目のEV〟としてすでに浸透し、活躍している。一充電走行距離はセニアカーのトップモデル〝ET4D〟で33km。国道を走って、町のスーパーまで来る人もいる。田んぼ脇の道路に2台縦列駐車していたりする。シニアカーもひとり1台時代ということか。

佐渡ヶ島で、ガレ場の細い山道をガシガシ登ってゆくおばあさんのセニアカーを見たことがある。道を聞きたかったのだが、ライン取りがうまいのか、ヴィッツではなかなか追いつけなかった。

ET4Dの車重は66kg。最高時速6キロ。運転操作はすべて手元でできる。アクセルレバーを押すと前進、離すとブレーキがかかる。スイッチで後進も可能。価格は34・8万円と、安くはない。だが、福祉用具扱いのため、消費税はかからない。

セルフ
【セルフ】

静かなガソリンスタンド

人件費を省いて、少しでも安く売りたい給油所が採用する「セルフ給油方式」の通称。21世紀に入ってから急増し、都市部の幹線道路沿いでは一般的になった。

給油機のタッチパネルで油種や給油量や支払い方法を設定し、給油ガンを掴んで自分で入れる。フトコロが寂しいので、数リッターしか入れられない場合でも、あるいは、安いガソリンをこの際、吹き返しの激しいタンクにギチギチ満タンまで入れておきたいときなどにも、係員に気兼ねせずひとりで給油できる。なにより体育会系の〝声を出していく〟サービスがないため、場内が静かなのがいい。

クルマ好きにはおおかた好評だが、あたらしもの嫌いで近寄らない人もいる。女性ドライバーにも敬遠する人が多い。でも、マイカーに自分の手で燃料を入れてやると、とたんにクルマを近しく感じるはずだ。

【そ】

ソアラ【Soarer】

21世紀に消えたビッグネーム。

ソアラはバブルの時代を象徴するトヨタである。81年、日本初の高級3ナンバークーペとして、40代から

上の高給サラリーマン向けに出したところ、それよりずっと若い人たちにウケた。彼らはたとえおカネがなくても、無理して買った。大ヒットした2代目までは、そうした顧客層が大きな牽引役を果たした。

しかし、91年デビューの3代目で、ソアラは失速する。バブルも弾けていたが、一転、丸みを帯びたアメリカンデザインが不評を買った。89年年、鳴り物入りで登場した初代セルシオに話題性で勝てなかったということもある。

3代目ソアラはモデル末期にそうとう好条件のお値引きを提示したらしく、各地の高速機動隊に覆面パトカーとして就役した。アルミホイールを履いたグリーンメタリックのソアラを追い越したら、いつのまにか後ろにいた。次の瞬間、バックミラーに映る屋根から突然、赤色灯が飛び出して、悲しい思いをした人もいるかと思う。

21世紀に入った最初の年、不人気だった丸いソアラはモデルチェンジして4代目に切り替わる。新型は、南仏で映えそうなアナザーワールド感ただよう豪華クーペだった。目玉はメルセデスSLKばりの電動メタルトップ。エンジンはセルシオ用の4・3リッターV8に変わった。

だが、初代ヴィッツも手がけたギリシャ人デザイナーの腕をもってしても、ソアラの復興はならず、4代

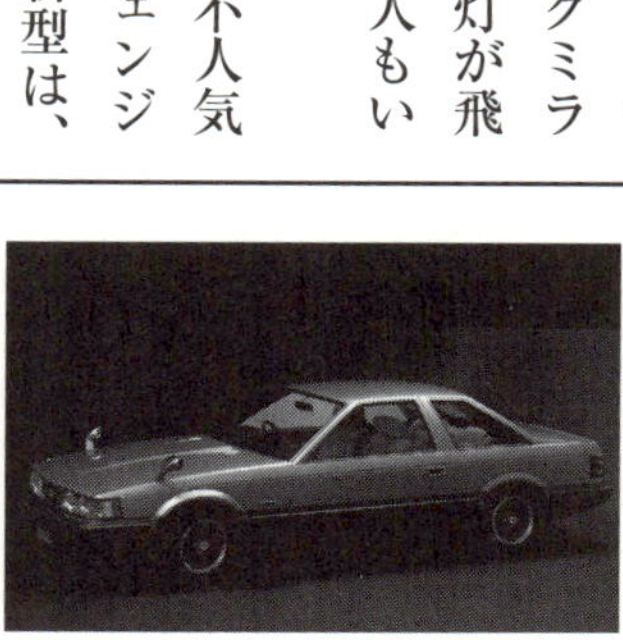
81年初代

91年3代目

目はまる4年でトヨタの販売店から姿を消す。当時、国内でスタートしたレクサスがソアラをSC430として売ることにしたからである。
もともと3代目のときから、ソアラはアメリカで売るレクサスの日本版だった。それ以降の不人気を考えると、日本人の「これはオレらのじゃない」と見抜く力はあなどれない。かくして2004年夏、ソアラの名は消滅する。
「ソアラ」。出たときはヘンな名前だと思ったが、日本人がクルマと蜜月関係にあった時代の最後の車名ではないかと思う。逆に言うと、今後、復活に向けて最も期待が高まる車名でもある。

【た】

タイプ・アール・ユーロ【Type R Euro】

⇩車名「ホンダ・シビック・タイプRユーロ」

楽しいホンダ車の最長不倒距離。

英国ホンダ工場でつくられる欧州版シビック・タイプR。ヨーロッパで本格デリバリーが始まったのは2007年。日本にはシビック4ドアセダンをベースにしたタイプR（FD2）があるため、国内導入の予定はなかったが、09年から台数限

レクサスSC430。2010年生産終了

定で輸入される。

　タイプRユーロはより小さなフィットの車台を使った3ドアボディをもつ。ホンダ曰く、「サーキット・ベスト」のFD2に対して、欧州版はヨーロッパの一般道、とくにワインディングロードでのベストを目指してつくられた。具体的には日本のタイプRよりコンフォートを重視している。

　その違いは走り出して最初の〝ひと加速〟をくれた途端、わかる。ザックスのダンパーでコントロールされるサスペンションは硬いが、体に悪いほど荒っぽいFD2の足まわりと比べると、オンロードカーとして格段に洗練されている。サスペンションが、ちゃんと動く！　それでいて、足まわりもボディもFD2よりギュッと引き締まっている。車重は大人ひとり分重いが、それが信じられないくらいユーロは身軽である。

　エンジンもすばらしい。同じ型式名の2リッター4気筒だが、こちらは〝ユーロ化〟の施された独自ユニット。201馬力の最高出力はFD2の1割減だが、そのかわり二次バランサーを付けて、さらなるスムースさを手に入れている。VTECのカムチェンジがもたらすアニメチックな2段ロケット的加速感は影をひそめたものの、8300回転のレヴリミットまでいっさいの雑味なしに

英国製タイプR

日本製タイプR

吹き上がる。欧州車のライバルを見渡しても、これほど回して気持ちのいいエンジンはほかにない。

デビュー以来、このクルマはイギリスの自動車専門誌などで絶賛されていた。乗ってみると、たしかに史上最良のホットハッチと言いたくなるような出来である。日本市場はステップワゴンなのに、あっちじゃこれかい！　3ドアボディのデザインには日本車離れしたカタマリ感があるが、クルマ好きにはうらやましさのカタマリでもある。

FD2は10年8月で生産を終えている。〝限定お取り寄せ〟の英国産タイプRもユーロ5の排ガス規制とのからみで11年から一部の国では販売ができなくなっている。しかし、ホンダ・ファン・トゥ・ドライブの金字塔として記録されるべきクルマである。

タタ
【Tata Motors】

インドの自動車メーカー。インド最大の財閥系企業グループの自動車部門である。

2008年1月、「世界で最も安いクルマ」（2500米ドル）を謳う〝ナノ〟を発表して話題をまいた。

その一方、同年3月にはジャガーとランドローバーを買収する。旧宗主国の名門ブランドを手に入れたことでも世界に衝撃を与えた。

ナノなの

しかし、その後もジャガーやレインジローバーの牛革シートは健在だ。インドで最も大きい国産車メーカーだけあって、下はナノから車種も多い。「SUMO」（相撲）という名のSUVもつくっている。

ダブリュー・アール・エックス・エス・ティー・アイ【WRX・STI】

⇩車名「スバルWRX・STI」

目指すはS3？

かつて三菱のランエボと熾烈なWRCレプリカ戦争を演じたスバルのトップガン。2010年の改良時に車名からインプレッサの苗字が外された。09年限りで引退したWRC（世界ラリー選手権）の15年間をより強く車名に刻もうという配慮だろうか。

最新型のエンジンは、いずれも水平対向4気筒ターボの2リッターと2・5リッター。MTが付き、パワーも8馬力勝る2リッター（308馬力）のほうが断然楽しい。

だが、最近のWRX・STIが指向しているのは、総じてコンフォート性能である。対ランエボとの戦いに血道をあげていた90年代前半のクルマを思い出すと、最新モデルは速くなったことよりも、快適性を増したことに感心させられる。

歴代WRX・STIの生みの親、STI（スバル・テクニカ・インタ

ーナショナル）が所有する輸入車の実験車両は、現在、ＢＭＷ・Ｍ３だけだという。今のＷＲＸ・ＳＴＩは、Ｍ３をベンチマークにつくられているのだ。そういえば、10年末に発売された４００台の限定モデルは、現行Ｍ３と同じくカーボンルーフが売りだった。

【ち】

ちゅうごく【中国】

自動車生産／販売台数世界一の国。それも史上空前のスピードで世界一にのし上がった国。

１３６０万台を売ってアメリカを抜いたのは２００９年。翌10年は１８００万台に伸ばし、アメリカとの差を６５０万台にまで広げた。この年の世界第3位、日本は４９６万台だった。

中国で販売されるクルマは、ほとんどぜんぶ中国内でつくられている。近年、海外メーカーの投資で、多くの合弁会社ができた。そうしたブランドのクルマが販売台数の半分以上を占め、中国オリジナルブランドが半分近くをおさえる。

中国でいちばん有名な海外ブランドは、現地進出が最も早かったＶＷである。２０１０年にＶＷは中国で

170万台を生産した。同じ年、ドイツ国内では130万台だった。生産台数でみると、VWは今や中国メーカーと言っても過言ではない。GMやフォードやPSA（プジョー／シトロエン）、もちろん日本や韓国のメーカーも大規模に現地生産をしている。

　しかし、世界最大の自動車生産国になった中国も、輸出となると今のところとるに足らない。09年は40万台弱である。中国製品は世界を席巻しているが、クルマはこれからだ。クルマが中国製品の〝例外〟なはずはない。生産工場を建てた以上、製品はつくらなければならない。日本で販売されるクルマが、国産ブラン

ドであれガイシャであれ、今後、中国製になるのはまったく現実的な話である。

　では、ローカルブランドの中国車はどうか。河北省にある英語名グレートウォール社（万里の長城のこと）がV12エンジンのスーパーカーをつくってフェラーリの牙城を脅かす、ということはおそらくないだろう。韓国車が日本で成功しなかったことを考えると、旧来のクルマ好き日本人が中国車に熱いまなざしを送るということはないかもしれない。

　だが、一部の中国メーカーは高い環境技術を持っている。ローカルブランド最大のBYDはEVやハイブリッドの乗用車を揃え、大型EVバスもつくっている。そうした得意分野の製品は自信をもって世界市場を狙うだろう。

◆

　日本仕様のメルセデスを買うと、計器盤には日本語でメッセージが出る。だが、あまり台数の売れない輸入車では英語を読まされる。初期設定で何ヵ国語か用意されてある言語から英語が選ばれているのだ。ドイツ語やフランス語やスペイン語やポルトガル語よりは読める人が多いからだ。

　最近はその選択肢のなかについに中国語が登場するようになった。どんなに日本人がガイシャを愛していても、これまでそこに日本語が設定

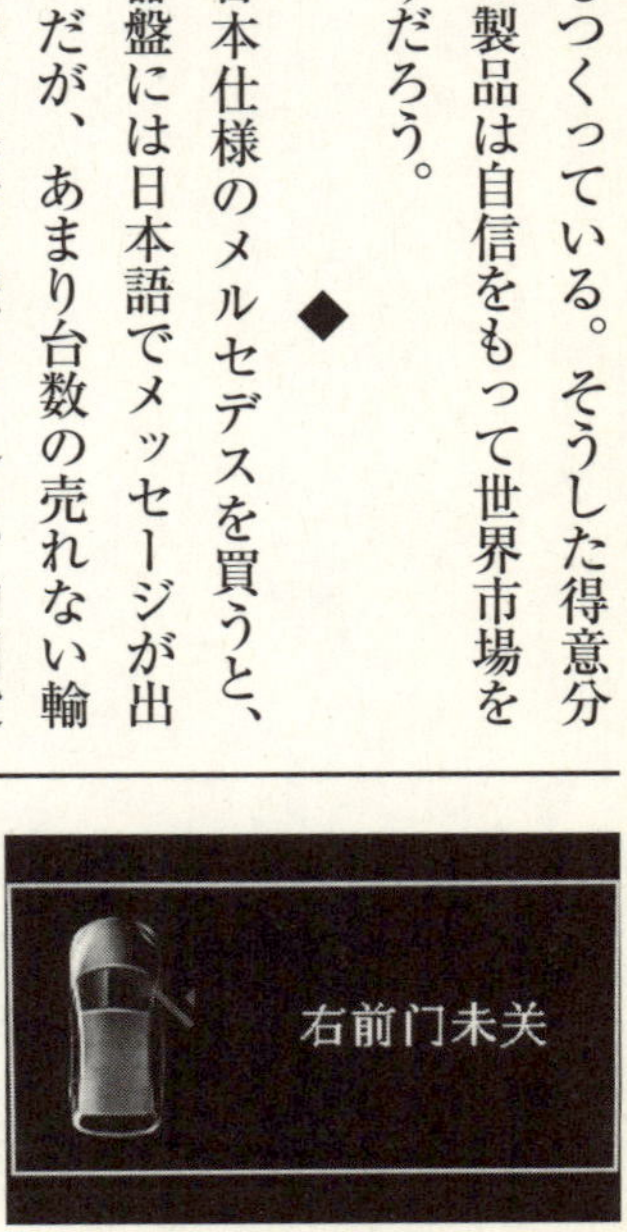

右前ドアが開いています

されていた例はない。

中国はそこまでできているのだ。

ちゅうしゃ かんしいん【駐車監視員】

必殺駐禁取締人。

2006年から始まった違法駐車摘発の新制度。警察から民間委託された駐車監視員が、放置車両を発見すると、すぐにナンバーを撮影し、確認標章のステッカーを張る。普通車の場合、1万5000円から2万円の放置違反金は、そのクルマの所有者(車検証上の)にかかる。駐車監視員は警備会社などの民間企業に属するが、勤務中はみなし公務員として働く。取締まりに納得せず、乱暴狼藉を働いたドライバーが、公務執行妨害で逮捕される例が各地で起きている。

◆

駐車監視員の制度がスタートして以来、以前よりずっとまめにコインパーキングを利用するようになった。タイヤにチョークをつけたり、スピーカーで予告をしたり、いくらかの時間的猶予をくれた警察の取締まりと違って、彼らの仕事は速攻だから。警察としては、より憎まれる役を民間に出したわけだ。

しかし、駐車監視員そのものも、退職した警察官に開かれた仕事である。一般受験者よりラクに資格がとれる別枠コースが用意されている。

おてやわらかに

年金受給年齢に達するまでの〝つなぎ〟を警察自らつくったという見方もある。

【つ】

ツインエア【TwinAir】

⇩車名「フィアット500ツインエア」

復活2気筒。フィアット500に登場した2気筒モデル。875ccの直列2気筒ターボエンジン〝ツインエア〟を搭載。85馬力のパワーは1・2リッター4気筒モデルより25％パワフルなのに、燃費は15％いい。CO_2排出量は95g／㎞と最優秀クラス。インターナショナル・エンジン・オブ・ザ・イヤーの2011ベスト・エンジンに輝いている。

◆

小さな子どもがトコトコ駆け出すような発進直後のビートや、高めのギアで再加速するときの、ちょっとムズがるようなプルプルした微振動など、運転していても個性的なエンジンである。

875cc2気筒といえば、オートバイなら立派な「ビッグ・ツイン」だ。当然、マルチ・シリンダーのようにシュンシュンとは回らない。レヴリミットも6000回転。そのか

わり、3000から5500回転のパワーバンドではドゥルーっという独特の鼓動を発しながら、目を見張る力強さをみせる。170㎞/hと言われる最高速は掛け値なしに思えた。動力性能は必要にして十分。一生懸命走れば走るほど好感度が増すのは、イタリア車そのものである。

　燃費はやや期待外れで、ほぼ高速道路のみを約900㎞走って、16㎞/ℓ台だった。とくに吹聴するような好燃費ではない。となると、何がこのクルマの魅力かといえば、有機体的というか、人間的というか、がんばっとるな感にあふれるツインエアそのもののおもしろさだと思う。けっして高級なエンジンには感じない。むしろその逆だが、この2気筒のおかげで、ファンカーとして楽しめる。初めてトコトコっと走り出したとき、イタリア人って、これでいいんだ!? と感心した。地球にやさしい未来のマシンは、案外ショボイのかもしれない。

【て】

ディー・エス・ジー
【DSG】

VWの新世代2ペダル変速機。

〝ダイレクト・シフト・ギアボックス〟の略。同じものをアウディで

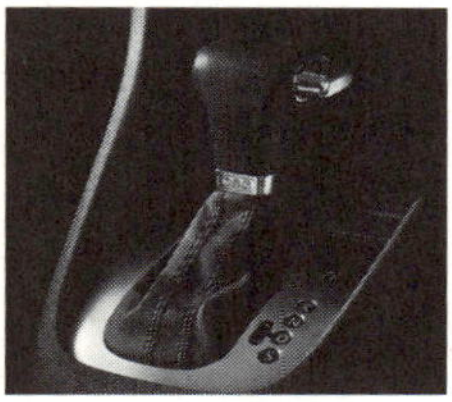

はＳトロニックと呼ぶ。

　ギアを偶数段と奇数段に分け、それぞれにクラッチ機構を設けた。片方のギアセットが仕事をしているとき、もう片方は次に選択されるギアを予測してスタンバイしている。そのため、シフトスピードが速い。変速時のつんのめり感や空走感もない。一般にデュアル・クラッチとかツイン・クラッチと呼ばれる自動ＭＴである。

　同じＶＷ車のＭＴと比べると、加速、燃費いずれもＤＳＧのほうがわずかにすぐれる。もはやクラッチペダル付きのＭＴは左足の踏み損。そんなふうに思わせるのは、すべてのツインクラッチ変速機に言えることだが、ＶＷはそれを新しいＡＴとして広く一気に普及させてきた。日産車のツインクラッチ変速機はＧＴ－Ｒだけ、三菱はランエボだけ、ＢＭＷではＭ３などの〝Ｍ〟限定でスタートした。だが、ＤＳＧはポロにも付いている。ツインクラッチをスポーツ・ギアボックスとして祭りあげなかった。さすがフォルクス(大衆)のワーゲン（自動車）だ。

　先代のゴルフＧＴＩにＤＳＧが装備されたとき、ドイツからＶＷの設計者が来日した。公式通訳がついていたので、専門的な質問をすると、こっちのノートに図説までして答えてくれる熱心なエンジニアだったが、ひとつ気づいたのは、そのドイ

ツ人ときたら、まったく笑わない。DSGのような精密なメカトロニクスは、こういう人がつくらないとだめなのかと思ったものである。

ディー・エス・フォー【DS4】

⇩車名「シトロエンDS4」

デザイナーズ・シトロエン。

デザインにこだわったスポーツプレミアムモデルがシトロエンのDSシリーズである。これはゴルフクラスのC4のDS版。

猫背の4ドアクーペ風デザインは、たしかにカッコイイ。街ゆくニンテンドーDS世代にもけっこう注目される。デザイナーやりたい放題で、後ろまで切れ込んだ後席ドアの窓ガラスは〝はめ殺し〟である。

主力モデル（309万円）のパワーユニットは156馬力の1・6リッター4気筒＋6段自動MT。シャシーにやや腰高感はあるが、乗り心地は上質で、C5に迫る高級感がある。デザインカーでも、居住性や荷室に大きなマイナスはない。屋根まで延びたフロントウィンドウのおかげで採光よし。ほかのクルマより早く夜が明ける。

オーバーサーボ気味のブレーキは2ペダルのC4系に共通する欠点。停車時にカックン・ブレーキになりがちだ。2ペダルの自動MTも、VWのDSGに比べると〝存在感〟が

強い。変速機はもちろん存在感がなければないほどすぐれている。

だから、このカタチに惚れたクルマ好きには、プジョーRCZと同じ200馬力エンジンを載せるスポーツシック（345万円）がお薦め。ゴルフGTIにはないマニュアルで乗れて、GTIより安い。

ティー・ティー・クーペ
【TT Coupe】

⇩車名「アウディTTクーペ」

上品、上質、スポーティ。コンパクトなボディにアウディの三要素を体現したハッチバック・クーペ。クーペは〝水もの〟だが、近年、世界でも最も成功したクーペである。デザインの純度は98年の初代モデルのほうが高かったが、06年の現行モデルで、ボディ直近の死角の多さや、窮屈な前方視界が改善される。

2代目になってから、セクレタリーカー的クーペにとどまらず、ポルシェ・ボクスターに対抗する高性能モデルを相次いで追加。なかでも2リッター4気筒ターボを272馬力まで上げたTTSクーペ（694万円）はリアルスポーツカーである。

ティー・ブイ・アール
【TVR】

存亡の危機に瀕する英国バックヤードビルダーの残党。

1950～60年代、イギリスに数

アウディTTSクーペ

多く現れたのが、バックヤードビルダーと総称される極小規模メーカーである。週末、サーキットで走らせるスポーツカーを、好き者が自分の家の裏庭でコツコツつくるようなビジネスだったことから、そう呼ばれた。完成車ではなく、ドゥ・イット・ユアセルフのキット形式で販売すると、高率の物品税が免除されたため、それなりのニーズもあった。クルマも民が主役でつくる民主主義国イギリスならではの現象が、戦後のバックヤードビルダー・ブームだった。

ＴＶＲは、ロータスと並ぶバックヤードビルダーの出世頭である。創業以来、オーナーは何度か変わったが、81年から陣頭指揮をとってきたピーター・ウィーラーは、高付加価値の高性能スポーツカー路線に舵をきり、成功を収めた。それまで、エンジンはフォードやローバーから調達してきたが、90年代後半からはレーシングライクなＶ８や直列６気筒を自社開発した。日本にも輸入され、一部の好事家に支持された。

しかし、ＴＶＲを最も有名にした出来事は、２００３年、テレビドラマ「西部警察」のロケ中に起きた事故だろう。劇用車に抜擢されたタスカンに乗る若手俳優が運転を誤って見物客のなかに突っ込み、負傷者を出した。

車両価格は１０００万円超。「西部警察」好みの派手でカッコいいス

ＴＶＲタスカン

ポーツカーとはいえ、無頼派そのままの設計思想は創業当時となんら変わっていなかった。マッダ・ロードスター並みに軽いFRPボディに、390馬力のエンジンを載せ、FRの2輪駆動でありながら、スピン制御機構はおろか、ABSすら付いていない。抜き身のレーシングカーを不慣れなドライバーに運転させた結果の不幸な事故だった。

莫大な投資を必要とするエンジンづくりに、バックヤードビルダーが手を出して成功した例はない。TVRもその後、深刻な経営難に陥り、04年、会社は当時24歳のロシア人実業家の手に渡った。しかし、再建策はほとんど具体化せず、長い歴史を持つブラックプールの工場は06年に閉鎖された。シボレーのV8を積んで、ドイツで再開するという噂もあるが、定かではない。

ティグアン【Tiguan】

⇩車名「VWティグアン」

最もファン・トゥ・ドライブなSUV。VW初のライトクロカン四駆として2007年に登場。ゴルフ・ベースの車台にGTI用をデチューンした170馬力の2リッター4気筒ターボを搭載する。

いちばんオフロード色の強い〝トラック&フィールド〟（367万円）でも、肩をいからせた四駆っぽさは

VWティグアン

まったくない。感心するのはワインディングロードでのマナーで、大入力を与えると、硬めの足まわりはしなやかさを増し、SUVにあるまじき（?）軽快でシャープなコーナリングを披露する。

快速を生むエンジンは、回すと実に気持ちいい。変速機はDSGではなく、6段AT。だが、DSG並みに変速は素速い。

ゴルフのSUVというよりも、ゴルフGTIのSUVである。

デザイン【design】

日本車で最も遅れている〝性能〟。

販売の主流がミニバンになってから、ますますその傾向が強まる。今度のトヨタ・ノアのデザインは、ジウジアーロの作、なんてことは絶対ないですから。

◆

フリーになりたてのころ、ある自動車専門誌に頼まれて試乗記を書いたら、編集部のチェックが入った。スタイリングをちょっと批判した部分だ。カッコいい悪いは個人の主観なので、ここはカットしますと。

エーッ！　クルマの評価って個人の主観ではないのか。しかも署名原稿なのに、主観じゃなくて、なに観を書けというのか!?

日本の自動車メディアは、デザインについて意見を言わな過ぎる。日

デザインもスーパーか

本車のデザイン性能が低いのは、そこにも責任があると思う。カッコいいわるいなんてことはだれでも言える。素人が言うようなことは、専門家は言わないという、ヘンな思い上りがあるのではないか。海外の英語版自動車専門誌を見ていると、試乗記のなかでデザインについて言及するのはあたりまえで、しかもしょっちゅう〝ugly〟（醜い）というきつい言葉が出てくる。

日本車の得意は精緻なメカトロニクス。官能的なデザインはイタリア車のオハコ。モチはモチ屋でいいじゃないかと、ヒネたクルマ好きとしてはそう考える時期もあったが、新しい世界を見渡すと、そんなのんきなことは言っていられなくなった。

最近の韓国車のデザインの垢抜《あかぬ》けかたなど目を見張る。世界を相手にするには、まずデザインからということに気づいたからである。

中国をパクリの天才と言って笑う。たしかに、なんちゃってスマートもいるし、伝言ゲームでつくったようなBMWミニもいる。ひと昔前の日本車のそっくりさんもウヨウヨしている。でも、それはまだ中国車が〝国内のもの〟だからだ。韓国車と同じく、今後、輸出に舵をきったら、このままではいないだろう。合弁事業で自動車先進国との太いパイプはいくらでもある。チャイナマネーで海外のデザインを買えば、一転、デザイン先進国に躍り出る可能性もある。

一方、優秀な日本人カーデザイナーは、近年、どんどん海外メーカーに流出している。いいのか。

テスラ・ロードスター【Tesla Roadster】

電気ショックなスポーツカー。

米国シリコン・ヴァレー生まれの高性能EVスポーツカー。日本でも2010年5月にテスラ・ジャパンが発足し、レクサスやコーンズが並ぶ青山通りにショールームがオープンした。トヨタが出資して提携関係を結んだことから、テレビや新聞でも紹介されることが多い。話題先行のEVである。メーカー名のテスラは、交流発電機を発明したアメリカ人、ニコラ・テスラからきている。

◆

テスラ・ロードスターの〝売り〟は、市販EV車随一の高性能と、長い一充電走行距離。ロードスターSの0－97㎞／h加速は3・7秒。ポルシェ911のなかでも、ターボ級の速さである。一方、EVの泣きどころの航続距離は、最長394㎞と豪語する。

開発時からロータスと組み、エリーゼをテストベンチにしてきただけあって、乗った感じは「エリーゼのEV版」に近い。ただし、450㎏ものリチウム電池を積むため、カー

ボン製ボディをもってしてもエリーゼのような軽快感はない。

ただし、無音の加速はEVならでは。際限なくどこまでも伸びるような高速域の加速感がとくに印象的だ。ただ、それがキモチイイかと聞かれると、ビミョーだが。

試乗したとき、ほぼ高速道路のみを86㎞走行して、電池残量計は約60%を示していた。394㎞はやはり話半分くらいに思ったほうがいいようだ。

充電は200V電源で行うが、アイミーブやリーフが出先で利用する日本規格の急速充電器には対応していない。そのへんがこれからの課題だが、走るために走るス

ポーツカーなら、電池は200㎞もてば十分という考え方もできる。今どんなクルマよりも注目されるのはたしかである。電撃価格の1481万5500円。

でんけつ
【電欠】

EVの電池がきれること。「ガス欠」に対する電気自動車の新語。

　EVの島、長崎県の五島でアイミーブのレンタカーを借りると、出がけに「でんけつせんといてねー」と明るく送り出される。

　EVの場合、今のところ路上で電欠するとお手上げである。携行タンクで運んだガソリンを補給するような手立てがない。JAFのようなロードサービスも、まだ電欠トラブルには対応できない。充電施設まで牽引するだけである。

　しかし、急速充電器も見当たらず、いよいよ電欠しそうになったらどうするか。最悪、電気を貸してくれそうな家か商店の近くにクルマを止め、お願いにあがるのだろうか。それも楽しきEVライフである。そういうときのために、電源ケーブルの延長コードがそのうちオートバックスで売られるようになるのかもしれない。

　しかし、EVの充電は電気を食う。ブレーカーを飛ばしてしまう可能性があるので、民家は避けたほうがい

い。商店ならもっと被害が大きいかもしれない。やっぱり「でんけつつせんといてね」だ。

【と】

トゥインゴ【Twingo】

⇩車名「ルノー・トゥインゴ」

「ふたりでGO!」みたいなイイ名前のベイシックカー。現行モデルは2007年登場の2代目。見事に名を体に現していた初代モデルからすると、カタチがつまらなくなってしまったのが残念。近年のルノー・デザインは当たり外れが激しい。少なくとも日本人の目には。

日本仕様の標準モデルは1・2リッター4気筒+2ペダル自動MTだが、198万円でも魅力に乏しい。もともと3ドアしかないクルマなのだから、それ以外のスポーティモデルがお薦めだ。

とくにいいのが、ゴルディーニ・ルノースポール(245万円)。134馬力の1・6リッター4気筒を積む〝左ハンドルのマニュアル〟である。0－100km／hは8・7秒、最高速は201km／hを謳う。でも、ウソでしょ？　と思わせるのは、5段MTのギア比が低いせいだ。

7000回転のレヴリミットまで

ゴルディーニ・ルノースポール

回しても、ローで58、セカンドで95km／hまでしか伸びない。そのため、1・6リッターにしては小股で走っている感じがつきまとう。だが、持て余す高性能と、使いきれる好性能、どっちがいいか。後者が好きなら値千金である。同じエンジンを積む右ハンドルの〝ルノースポール〟もあるが、そちらはワンメークレース仕様の足まわりで、乗り心地がアナーキーに過ぎる。

トゥーラン【Touran】

⇩車名「VWゴルフ・トゥーラン」

カラオケは似合わない。

2004年に登場したVW初のコンパクト・ミニバン、と書いた先から、トゥーランってミニバンなんだ!? とあらためて思った。

本国では登場時からトゥーランという独立したモデルだが、日本では今でも〝ゴルフ・トゥーラン〟として売られている。ミニバンというよりも「3列シート7人乗りのゴルフ」として認知されてきた。ワンモーションフォルムではなく、ちゃんとノーズがある。ゴルフよりは20cm長いが、フルサイズのミニバンよりはずっとコンパクトだ。そんなほどほどさがこのクルマのよさだろう。

マイナーチェンジでパワーユニットはダウンサイジングを果たし、140馬力の1・4リッター・ツイ

ンチャージャーが載る。車重は1・6t近いから、高速道路の追い越しだとさすがに余裕はないが、それ以外は十分だ。

全長4・4mだから、3列シートによる「7人乗り」はあくまで〝限界性能〟である。サードシートに大人はツライ。家族構成は30～40代の夫婦と小学生までの子どもがふたり。たまに実家に遊びに行ったとき、おじいちゃんおばあちゃんを2列目で厚遇し、子どもたちは荷室床から掘り起こしたサードシートに収まる。そんなところが、最も理想的な使われ方だろう。

走りもつくりもマジメだから、「乗ったとたん日曜日感覚」には浸らせてくれないが、そこがトゥーランの真価だ。この中なら、躾《しつけ》のいい子どもが育つかもしれない。

トゥクトゥク【Tuk Tuk】

コップクン・カー。

タイの小型3輪タクシー。彼の地における伝統的なアシだが、近年、おもしろいクルマが減った日本にポツリポツリと並行輸入されるようになった。

初代ダイハツ・ミゼットを大きくして、思いっきり派手に仕立てたような乗り物。というか、昔、向こうに渡ったミゼットが独自に進化したものである。つまり、タイ育ちのミ

ゼット。世紀を超えた〝逆輸入〟といえるかもしれない。

ハンドルは、丸いステアリングホイールではなく、バイクのようなバーハンドル。ドライバーはエンジンをクリアする〝鞍《くら》〟にまたがって座る。お尻の下のエンジンは、ダイハツ製の660cc3気筒。ただし、電子制御燃料噴射ではなく、だれでも直せるキャブレター・ユニットだ。

運転操作は、日本でも昭和30年代まで活躍していたオート三輪のままである。それを知っている人ならいいだろうが、知らない人にとって、操縦はきわめて難しい。

バーハンドルの右グリップがアクセル、右足で踏むペダルがブレーキ、左足のペダルがクラッチ。そこまではオートバイに近いが、鞍にまたがった両足の間から突き出すシフトレバーはHパターンの4段変速である。左足でクラッチペダルを踏み、股ぐらのシフトレバーを左手で操作するというのが難敵だ。シフトの最中に、これはクルマだと思ってしまうと、うっかり右足のペダルをアクセルと勘違いして踏みそうになる。最初はビビる。

でも、しばらく悪戦苦闘してコツをつかむと、俄然おもしろくなった。車重が意外に重いのか、パワーは非力で、ブン回さないと流れに乗れない。ちゃんと運転しなければ走らないのに、その運転がとびきりむずか

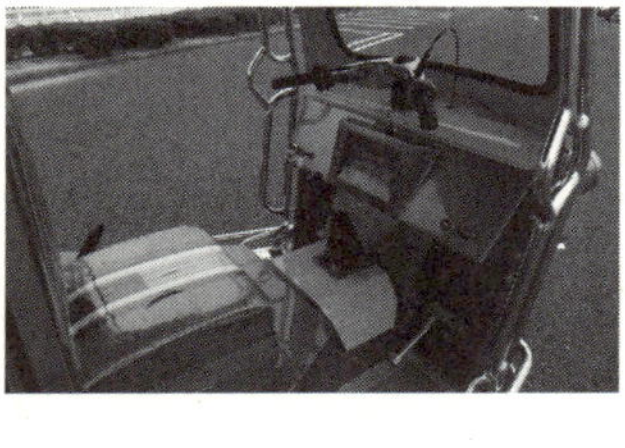

しいときている。

でも、それがスリリングで楽しい。キマれば大きな達成感が味わえる。クルマが「コップクンカー」（タイ語で「ありがとう」）と言ってくれる。自動車が低性能だから、おのずと人間は高性能になる。ヒール＆トーができるようになると、ますますスムースに走れるようになった。トゥクトゥクの車名は、かろやかな排気音からきている。

トリブート・フェラーリ【Tributo Ferrari】

⇩車名「フィアット・アバルト695トリブート・フェラーリ」

究極のアバルト500。なぜかフェラーリにトリビュートしたスモール・フィアット。ベースはアバルト500だが、3桁数字も695に改名。ルパン三世でおなじみ先代フィアット500をチューンした1960年代のアバルト695SSに由来する。

1・4リッター4気筒ターボ・エンジンの基本は500と同じだが、パワーは135馬力から180馬力に大幅アップ。変速機はフェラーリのF1ギアそっくりの操作系を持つ自動5段MTが付く。車両の開発にフェラーリが実際どうコミットしたのかは明らかにされていないが、たしかなのはこのクルマが「フェラーリを名乗ってもいいよ」と許諾を受

フェラーリを名乗るフィアット

けたことである。

４０００回転からのターボキックは痛快。しかしそこまでは５００アバルトよりむしろおとなしい。２ペダルだから、回転を上げておいてクラッチを繋ぐドラッグ・スタートもきれない。フェラーリのつもりでいると多少、歯がゆい思いをする。このクルマの真髄は、フェラーリのマークや、４本出しマフラーの咆哮や、レザーシートの芳香といった、お金をかけたクスグリのほうだろう。

限定１６９６台。日本には１５０台が割り当てられ、２０１０年10月に５６９・５万円で発売されたが、１週間で完売。うち１台はイチロー選手がお買い上げ。

【な】

ナイトビジョン【night vision】

最も愚かな自動車装備品。


車載の赤外線暗視カメラで捉えた映像をフロントガラスなどに投射して、夜間の安全走行を支援する装備、とされる。

初めて装着したのはＧＭのキャデラック。湾岸戦争で活躍した暗視技術が転用された。モノクロのネガフィルムのような映像がフロントガラスの片隅に映る。熱を感知して見る

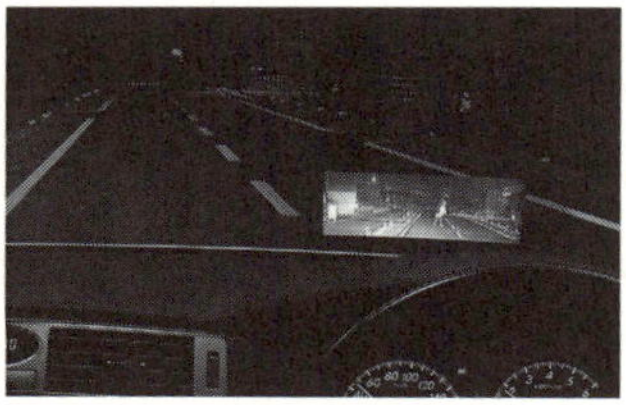

カメラだから、ライトをつけていなくても、たしかに人影はわかる。

でも、それがなんなのさ。クルマはライトをつけて走るものではないか。「いや、ライトの光が届かないところにいる人も見える」。エッ、走行中にそれをいちいち〝生視界〟とは別に見比べてチェックしろというのか。

ほとんど意味不明だったが、家に戻ってきたときなど、木陰にひそんでいる人間もこれならすぐ発見できる、というアメリカンな事情を聞いて、多少ナットクした。

その後、日本車やドイツ車の一部高級車に散発的に採用されているが、いずれも高価なオモチャに過ぎない。

フロントガラス越しの視界に目を凝らして運転するのが安全運転の一丁目一番地である。人間は複眼を持っていないのだ。

将来、完璧に自動運転するクルマが実用化されたら、そのときはそこに暗視技術も取り込まれているだろう。無人の自動運転に向かう途中の技術、言い換えれば不完全な技術を見せられているだけなのがナイトビジョンのようなギミックである。

【に】

にほんどうろこうだんみんえいか【日本道路公団民営化】

ホントに民営か？

むかし、といっても21世紀になってからのことだが、知人が日本道路公団に表彰された。自分が経営する会社のすぐ脇を走る高速道路で車両火災があり、熔けたフェンスの樹脂が高架下の道路に落ち始めた。居合わせた社員らと交通整理に出て、被害を未然に防いだのである。

表彰なんてけっこうと最初は固辞したらしいが、どうしてもと請われて表彰式に出席した。表彰状以外に御礼として5万円の商品券が出たそうだ。その額の大きさにも驚いたが、中小企業の経営者である知人がいちばんタマげたのは式の大仰さだったという。集団表彰式ではない、その一件だけだったのに、会場には年をとった理事が大勢集まっている。記念撮影のためである。天下りの理事にとって、おそらくそれが数少ない〝実働〟なのだろう。それで、辞めるときは高額の退職金をせしめていくわけだ。

◆

2005年、日本道路公団が民営化された。施設の管理運営や建設は、4つの株式会社に分割譲渡された。NEXCO（ネクスコ）なんとか、と呼ばれる組織だ。

だが、国鉄の民営化に比べると、

誰も使わない高速道路

道路公団のそれは甚だ効果がわかりにくい。たしかにサービスエリアの売店や飲食店は以前より華やかになった。吉野家やマックやモスバーガーが進出し、売店の代わりにおなじみのコンビニが建つところも現れた。でも、あとはなんだろう?

東名でも中央道でも、大渋滞を招く集中工事は相変わらず年中行事として行われている。警察の取締まりにはなんの変化もなく、中央道などは覆面パトカーが以前より増えたように思う。〝私有地〟じゃないのか。

民営化で通行料は下がったのか上がったのか。2011年6月まで行われた高速道路の「休日上限1000円」や、一部高速道路無料化の社会実験は、もちろん政府の財源あっての話である。NEXCOが企業努力で値下げしたり、タダにしたりしたわけではない。それとも、その間、政府の意気に感じて、NEXCO自身も多少、値引き販売をしたのだろうか。そのへんのことがまったくわからない。自分の会社の商品の値段がこれだけ上がったり下がったりしているのに、当のNEXCOの存在感がまったく感じられないのが不思議である。内需拡大、景気浮揚のために、来月から新幹線の運賃を半額にします、なんてことを政府が突然言い出したら、JRは黙っちゃいないだろう。というか、そんなことは勝手にできない。なぜなら、

JRは民間企業だから。とすると、道路公団の民営化は果たして真実なのかという疑念が沸くのである。

【ね】

ねんりょうでんちしゃ【燃料電池車】

水素発電EVのこと。燃料電池（FC＝フューエル・セル）で水素と酸素を化学反応させ、そこで起きた電気で走る。駆動力は電動モーターで得る。つまり、自ら発電しながら走るEV（電気自動車）である。

自分でエネルギーをつくりながら走るということは、水と石炭を積み、お湯を沸かして蒸気で爆走した、あの非効率の代名詞、SLと同じではないか!? かつてのSL小僧は概念的についそう思ってしまうのだが、燃料電池は熱機関ではないから、まったく別の話らしい。

燃料として充填するのは水素である。より安定していて扱いやすいメタノールなどの化石燃料から水素（H）を取り出して使う燃料電池もあるが、二度手間の感は否めない。

EVだから、走行中のクルマからはCO^2も有害物質も出ない。しかも、水の電気分解の逆をやる燃料電池からはきれいな水がチョロチョロ出るだけ。そんなイメージもあり、

ホンダFCXクラリティ

「究極のエコカー」との呼び声も高い。世界各国のメーカーが本格的な実用化に向けて開発している。国内でもトヨタとホンダはすでに官公庁などに限定的な販売を行っている。

だが、２０１１年秋現在、水素ステーションなど身近にはない。電気と違って、家庭にも水素は来ていない。ようやく身近で走り出した充電式ＥＶに比べると、生活実感としての現実味は甚だ薄い。

その隔たりは、要するに電気を外からもらうのか、自製するのか、という違いがもたらしている。最終的な駆動メカは同じでも、燃料電池車は単純にＥＶの仲間と言いきれないところがある。

発電所の電気に頼らないＥＶマイカー。すばらしく聞こえはいいが、燃料電池車に充填される水素をつくるには発電所の電気がいる。

【の】

のんだらのるな。のむならのるな。
【飲んだら乗るな。飲むなら乗るな。】

ドライバーの憲法第一条。「飲んだら乗るな。飲むなら乗るな。飲む前に飲む大正漢方！」はサンドウィッチマンのネタ。

乗りません

◆

自動車雑誌の新米記者だった頃、夜、多摩堤通りを走っていたら、前方に横になって亀の子になっている珍しいジャガーＸＪ－Ｓがいた。築堤上の道だから、両側は崖だ。スピンして前輪を斜面に落とし、後輪をわずかに浮かせて止まっていたのだ。

クルマに近づき、運転席の中年男性に声をかけると、酒臭かった。助手席の女性はヒステリーを起こしていたが、わけを説明してトランクの中に座ってもらう。重しだ。ドライバーには、反動をつけながらリアのバンパーを上から押して、後輪を接地させるように頼んだ。ほどなくうまくいって、高級ジャガークーペはことなきを得た。

クルマに帰ろうとしたら、そのオヤジは財布を取り出してお金を出そうとした。正義感の強い好青年はもちろん辞退した。

いま、同じことが目の前で起きたらどうか。酒臭いのを確認した時点で、携帯で110番通報をして、かけつけたおまわりさんに「この人が犯人です。死刑にしてください！」くらい言っている。

【は】

パサート【Passat】

⇩車名「VWパサート」

最も玄人好みのVW。 2010年デビューの最新モデルはエンジンを2リッター／1・8リッターから1・4リッターにダウンサイジングした。

122馬力の直噴ターボ・ユニットはゴルフ・トレンドライン用と同じ。ただし、ゴルフにはないアイドリング・ストップ機構とブレーキ・エネルギー回生を標準装備し、10・15モード燃費（18・4km／ℓ）は、ゴルフ・トレンドライン（16・4km／ℓ）をしのぐ。つまり、ゴルフと同じ1・4リッターエンジンを積む、ゴルフより燃費のいい中型フォルクスワーゲンである。

全長4・8mに迫る大柄なボディは、ゴルフより140kg重い。果たしてそれで"走る"のか、と思われるだろうが、ノープロブレムである。セダンよりさらに40kg重いワゴンは、高速の追い越しで今ひとつパンチに欠けるきらいはあるものの、セダンはむしろフツーに速い。7段DSGの素早い変速も効いているが、なにより1・4リッターターボのトルク特性が軽快さの源だ。とくに発進時はグワッと力強く立ち上がって、素早くスピードに乗せる。0－400mではなく、0－40mで決着をつけてしまうのは、ゴルフ譲り

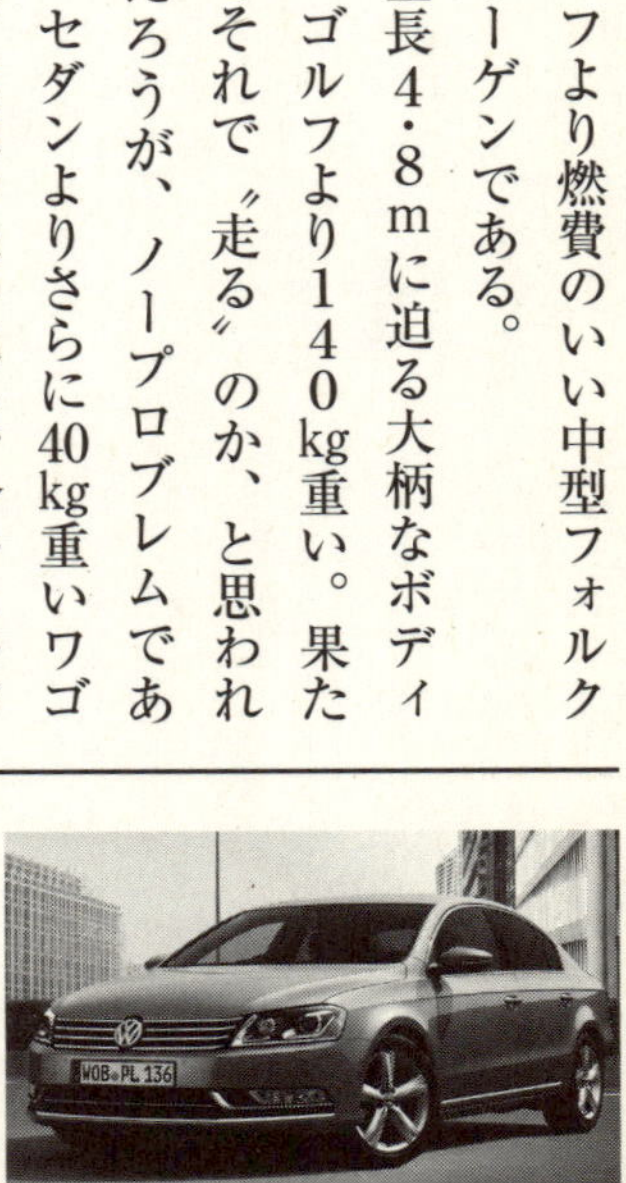

の速さである。

ウチのすぐ近所に某大手生保の社長が住んでいる。大きな日本家屋だが、ピカピカではない。暮らし向きもぜんぜん派手には見えない。門の前に何台分かの駐車スペースはあるが、自家用車はない。

その家に、最近ときどき、新型パサートがやってくる。娘さんのクルマらしい。なるほど派手に見せたくないガイシャにパサートは最適だ。

パナメーラ【Panamera】

⇩車名「ポルシェ・パナメーラ」

セダンもポルシェ。

2009年にデビューしたポルシェの大型5ドアGT。VWの3・6リッターV6、直近では3リッターV6ハイブリッドも加わったが、ファンの期待（?）は、カイエン用のV8に手を加えた4・8リッターモデル（1385万円〜）である。

カイエンの〝車高短《シャコタン》〟かと思うと、さにあらず。運転感覚はカイエンより911に近い。どんなカタチでも、どんなサイズでも、あるいはエンジンをどこに置こうが、水平対向だろうがV8だろうが、ポルシェがつくると、こんなにポルシェになる。ポルシェの血の濃さに驚かされる。

ポルシェ・スポーツカーのテイストを感じさせるのは、まずフットワークだ。全長約5m、車重2tに迫

る巨体なのに、加減速時の姿勢変化や旋回中のロールがほとんどない。操縦感覚もコンパクトで、ボディの重厚長大さをそれほど感じさせない。

本気で黒塗りの公用車需要も考えたのか、直噴V8はカイエンよりむしろ静か。

とはいえ、エンジンの〝存在感〟は大きく、とくにアイドリング時に後席まで届く、圧力感とでもいうべきエンジンのプレゼンスは、やはりポルシェ・スポーツカーの血である。

よせばいいのに、アイドリングストップ機構が標準装備。エンジンがそんなだから、停車してアイドリングが止まると「死んだのか！」といちいちびっくりする。再始動もぶきっちょで、ポルシェなのにスタートでワンテンポ出遅れる。エンジンをかけて、パナメーラ乗りがする最初の仕事は、このキャンセルボタンを押すことだろう。

バレンティノ・バルボーニ【Valentino Balboni】

⇩車名「ランボルギーニ・ガヤルドLP550-2バレンティノ・バルボーニ」

ランボからの挑戦状。アンダースペックにしたガヤルド。

2009年に発売されたガヤルドの限定モデル。03年登場のガヤルドは最初から全モデル4WDだが、こ

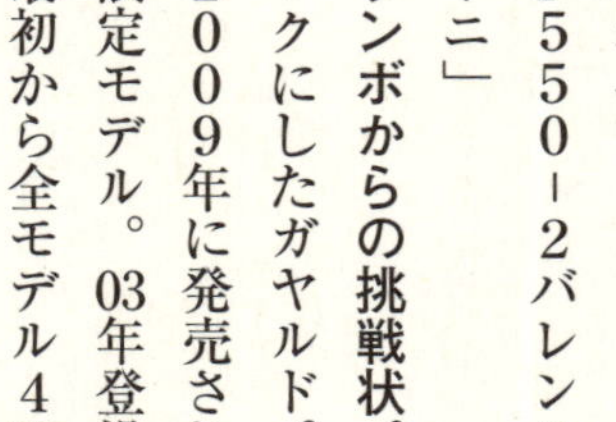

のクルマはスポーツ・ドライビングの楽しさを目的にあえて後輪駆動の2WDレイアウトをとる。

◆

ランボルギーニやフェラーリのようなスーパーカーは、もともと、とくに運転のうまい人だけに乗ることが許されるクルマだった。ぼくが79年に初めて運転したフェラーリは、坂道発進で1回でも長めの半クラッチを使うと、クラッチ板の焼けるニオイがした。84年に初めて運転したカウンタックは、ステアリングが重くて、半日乗っていると掌にマメができた。

しかし、技術の進歩はそうした選良のクルマも大衆化してしまった。快適性能が向上し、高度な駆動制御や手厚い安全対策を身につけた結果、現代のスーパーカーは乗る人を選ばない。お金さえあれば、乗れる。この種のクルマの主要マーケットが新興国の富裕層に移行しつつある今、ますますその傾向は強くなっている。

ガヤルドLP550－2はそうしたスーパーマーケット的スーパーカーに対するアンチテーゼである。四駆を二駆にして、安定性をわざわざデチューンした。ウデさえあれば、550馬力を抜き身で味わうことができる。ちょっと乗ったけど、カーブではコワかった。

モデル名につけられたバレンティ

ノ・バルボーニは、67年からランボルギーニに奉職してきたテストドライバーの名前。ミウラの時代からランボルギーニの味つけを手がけてきたスペシャリストのサインがクルマにも入る。ちょいわるおやじ風かと思ったら、笑顔のやさしい、いかにもイタリアの職人といった感じのおじさんである。現在はリタイアし、ランボルギーニのアンバサダーとして、世界各地のイベントに顔を出している。

彼の名前を冠した限定モデルは、250台をあっというまに完売。味をしめたランボルギーニはのちにこの二駆ガヤルドをカタログモデル化した。無事を祈る。

パンダ【Panda】

⇩車名「フィアット・パンダ」

裸の少年。

172万円より。日本で買える最も安いイタリア車。車重1t以下だから、スマート・フォーツーと並んで重量税も輸入車最安。

乗り味はひとくちに「イタリアの軽」。フワリとした走行感覚がとにかくまずカルイ。ステアリング、ペダル類、各種レバーやスイッチ類に至るまで、運転操作感も羽根のようにカルイ。内装はプラスチッキーだが、シートのよさだけは手抜きなし。高速追い越しレーンだと余裕はない

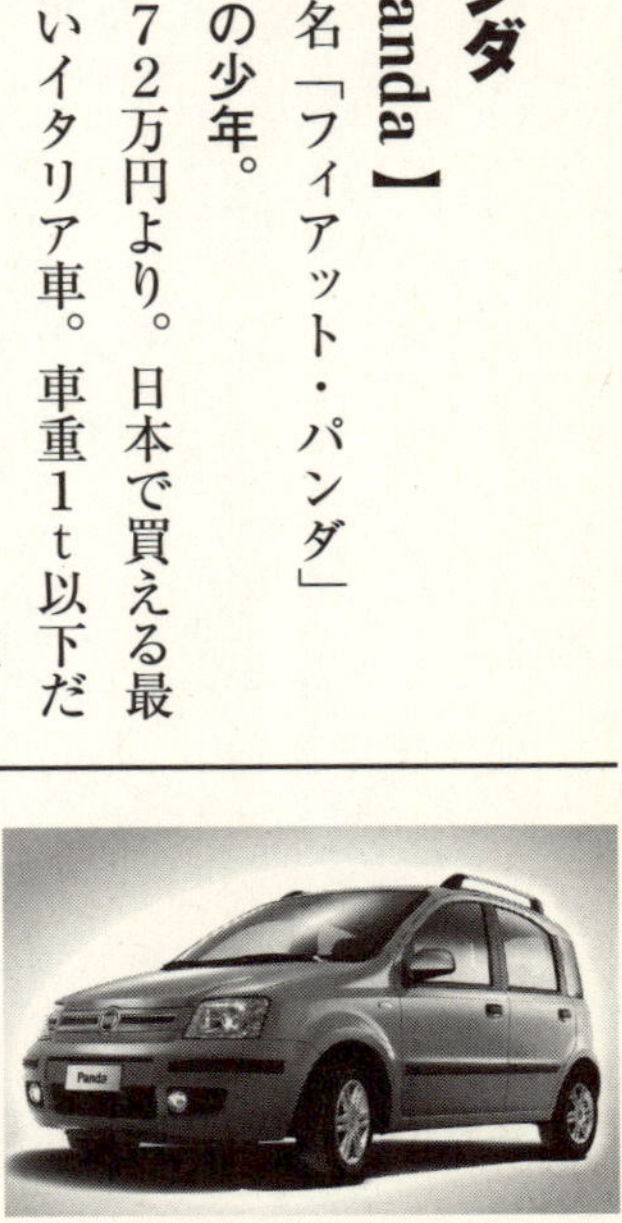

パンダ

ものの、高回転まで回すと気持ちいい1・2リッター4気筒。燃費もいい。つべこべ言わずワインディングロードでこけつまろびつ遊ぶと、楽しい。いまどきこれほどネイキッド（素っ裸）な感じのするクルマは、日本の軽にも見当たらない。フェラーリの〝お釣り〟で買いましょう。

【ひ】

ビボップ
【Be Bop】
⇩車名「ルノー・カングー・ビボップ」

明るいフランス車。カングーのショートホイールベース3ドア。

全長（3870㎜）はヴィッツと同じなのに、全幅は1・8mを超す。全高は全幅と同じ。日本車ではありえないプロポーションのボディをキャンバスに、デザイナーが遊びまくっている。

特等席はキャプテンシートが二つ並ぶ後席。つまり、これだけ車幅があるのに4人乗りだ。後席フロアは前席より一段高い、いわゆるシアターシートで、前席を見下ろすような高い位置に座る。さらに後席は屋根の後端50㎝ほどが前にスライドして開く。テールゲートのパワーウィンドウを開けると、上も後ろもオープンエアになる。

カングー・ビボップ

エンジンは5ドアのカングーと同じ1・6リッターの4気筒。車重は50kg軽く、ホイールベースも短いので、だいぶキビキビしているかと思ったら、さにあらず。むしろビボップのほうが大型ミニバン然とした身のこなしをみせる。ルーフ後半部を可動式にするような特装が、クルマのダイナミックバランスに影響を与えているのかもしれない。乗り心地も5ドアのほうがいい。

でも、リアシートで人をもてなすなら、ビボップがお薦めだ。ここに乗せたら、小沢一郎だって笑いそうだ。ただしATはなく、5段MTのみ。価格（234・8万円）も5ドアのMTより15万円高い。

ヒュンダイ【Hyundai】

2008年に日本から撤退した韓国最大手の「現代自動車」。

01年に参入し、05年には2500台あまり（同年輸入車17位、ランドローバーとほぼ同数）まで登録台数を伸ばしたが、以後、急落し、07年には1223台と半減した。

最大の売りは、同クラスの日本車よりも安いことだったが、輸入車が〝安さ〟で成功した例はない。

折からの韓流ブームも促進剤として期待され、実際、「冬のソナタ」ファンの女性が御主人の手を引き、「ヒュンダイ・ソナタ」のショール

ポップなビボップ

ームに現れたが、目的は販促用ペ・ヨンジュングッズをゲットすることだった。ドラマの中のペ・ヨンジュンはけっしてヒュンダイには乗っていないことも、「それを言っちゃあおしまいよ」的現実である。

クルマはワルくなかった。小型車から高級車まで、浮き輪のようなビニール系の車内臭があるのはいただけなかったが、価格を考えるとたしかに割安なクルマだった。

韓国は左ハンドルの国だが、日本仕様のヒュンダイは右。右ハンドルのガイシャでも、ウインカーレバーは日本車と逆のハンドル左側に突き出しているため、慣れるまでは混乱するものだが、その点もヒュンダイは親切で、ウインカーまでちゃんと右側に移設してあった。さすがお隣の国と思ったものである。

日本市場では失敗したが、今やアメリカやヨーロッパでは、押しも押されもせぬトップ・コンテンダーである。2010年の世界販売は、傘下の起亜自動車を含めたグループ全体で574万台を記録し、世界5位にランクされている。

ここ数年のあいだにモデル数は急激に増え、デザインが洗練されてカッコよくなった。品質も向上したと言われている。10年前に日本に上陸したときの広告コピー「ヒュンダイを知らないのは日本だけかもしれない」は、現在も真実である。

ヒュンダイ・ソナタ

【ふ】

フィット・ハイブリッド
【Fit Hybrid】

⇩車名「ホンダ・フィット・ハイブリッド」

つべこべ言わないハイブリッド。

フィットにインサイトの1・3リッター・ハイブリッドユニットを搭載。車重はインサイトより大人ひとり分軽いから、走りはひとまわり軽快。スイスイ走るので、ますますフツー。アイドリングストップに入らなければ、特別なエコカーであることをまったく意識させない。

ニッケル水素電池に食われて、トランク床下のユーティリティがなくなったことを除くと、〝フィット性〟は変わらず。使いやすいことこの上なし。

ボディはインサイトより50cm短いが、スペース効率は勝る。最も実質的なハイブリッド。中心モデル（172万円）は同級1・3リッター・フィットのおよそ40万円高。

ブイろくじゅう
【V60】

⇩車名「ボルボV60」

V50とV70のあいだに新設されたボルボ3番目のワゴン。

フィット・ハイブリッド

むかし流行った〝ウェッジ・シェイプ〟（くさび形）という言葉を思い出させるスタイリッシュなボディが最大の魅力。サイズはＢＭＷ３シリーズ・ワゴンよりひと回り大きいが、強いカタマリ感があるために、コンパクトに見える。

エンジンは新開発の１・６リッター４気筒ターボと、横置き３リッター直列６気筒ターボの２種類。バランスと燃費を考えると、だんぜん１・６リッターモデル（３９５万円）がいい。

１８０馬力のパワーは十分過ぎるほどだが、かといって、スポーツワゴン的な硬さやシャープさはない。シャツのボタンを一個外したようなボルボのやさしさは相変わらずだ。長距離を走っても驚くほど疲れない。Ｖ70からダウンサイジングしてくる人が多そうだ。

フーガ・ハイブリッド【Fuga Hybrid】

⇩車名「日産フーガ・ハイブリッド」

21世紀初の日産製ハイブリッド。

ハイブリッドではトヨタにすっかり後塵を拝している日産も、実は99年、プリウスに対抗してティーノ・ハイブリッドを出したことがある。当時からリチウムイオン電池を使うなど、進んだところもあったが、限定１００台という、ほとんどアリバイ的なモデルだった。

ボルボV60

その点、フーガ・ハイブリッドはクラウン・ハイブリッドに真っ向勝負する本格派で、北米では〝インフィニティMハイブリッド〟として量販をもくろむ。

「ワンモーター2クラッチ」式と呼ばれるシステムは、ホンダやメルセデスSクラスのハイブリッドなどと同じだが、変速機（7段AT）の後ろにもクラッチ機構を入れたのが特徴。これにより、エンジンを止めてモーターのみでも走ることができる。ポルシェも使うVWアウディのハイブリッド・システムにいちばん近い。駆動用バッテリーはリチウムイオン電池である。

3・5リッターV6は306馬力。横浜工場で内製されるモーターは68馬力。二つの動力源が協調するパワーユニットはすばらしい出来である。ゆっくり走っていても、力走していても、常に高級で、パワフルで、かつ気持ちいい。バッテリーに十分な充電量があれば、純粋EV走行をする。高速道路でも、110km／hくらいまでの低負荷時ならエンジンが止まる。速度計が100km／h以上を指しているのに、タコメーターがストンとゼロになるので、20世紀人間はドキッとする。

19・0km／ℓの10・15モード燃費はクラウン・ハイブリッド（15・8km／ℓ）をかるくしのぐが、2台でワンデイ・ツーリングに出たところ、

フーガ・ハイブリッド

燃費はむしろクラウンのほうが少しよかった。

バイ・ワイヤのブレーキのチューニングがパーフェクトではなく、停止直前の制動力に物足りなさを感じるのは、メルセデスSクラス・ハイブリッドにもある弱点。

オールラウンダーでソツのないクラウンに対して、フーガ・ハイブリッドは高級スポーツセダンである。

フェラーリ【Ferrari】

初めて自分で動かしたフェラーリは、308GTBだった。自動車専門誌の新米記者だったころ、特集取材で借りたクルマのハンドルを握らせてもらったのだ。といっても、なにしろ新米だから、箱根ピクニックガーデンの中で、本当に何メートルか移動させただけである。

運悪くそこはかなりきつい上り坂で、重いクラッチペダルと、反応の鋭いアクセルペダルとの連係に戸惑ううちに、半クラッチを使い過ぎてしまったらしい。〝らしい〟というのは、自分ではそれほどでも、と思ったからなのだが、クルマから降りると、プーンと焦げ臭かった。天罰てきめん。1980年になるかならないかのころである。

当時、身近ではフェラーリの大ニュースがあった。ぼくと向かい合わせの席だった先輩編集部員のMさん

フェラーリ・デイトナ

が、なんとフェラーリを購入したのである。といっても、ミニカーね。ホンなんてつまらない話ではない。ホンモノの、しかもよりによって365GTB／4デイトナ。すでにマニア垂涎の的だったV12フロントエンジンのベルリネッタである。

同じ出版社で禄《ろく》を食《は》んでいるのに、なぜそんな買い物ができたのかは知らない。でも、たしかにMさんといえば、編集部きってのフェラーリ通にして、信仰厚きフェラリスタでもあった。

そのデイトナに乗せてもらったことがある。助手席に座り、会社のまわりをしばらく走ってくれた。2車線の広い道へ来たとき、べつに頼んだわけでもないのに、Mさんが青信号からいきなり全力加速をした。6連ウェバーキャブレターを備える4・4リッターV12のパワーはたしかに凄かったと思うが、それより驚いたのは、先輩の息づかいだった。フーハーフーハー、SL（蒸気機関車）みたいになっていた。ダイジョブかなこの人、と思った。

当時、Mさんは編集部きっての冷静沈着なテストドライバーだった。試乗記を書くために、どんなクルマも谷田部の高速周回路で限界性能を試す。その落ち着いた仕事ぶりは、助手席で計測係を務めながらよく見ていた。それが、手に入れたお宝フェラーリの中だとフーハーフーハーである。フェラーリって、も、タイヘンなんすからァ、という事実を思い知らされた出来事だった。

その後、Mさんのデイトナにもちょっと触らせてもらった。ハンドルとクラッチの重さには驚愕した。

◆

今のフェラーリは、乗る人を選ばない。日本に正式輸入されているモデルは、ほとんどが2ペダル。V8ミドシップ・フェラーリの最高峰、458イタリアは本国でもついに7段デュアル・クラッチの自動MTのみになった。踏みたくたって、クラッチペダルなんか踏ませてもらえない。売ってるクルマとF1マシンとの距離がいちばん近いメーカーなのだから、そうなるのも当然だ。

価格はいちばん安いカリフォルニアでも2360万円。2005年に360が430に切り替わって以降、2000万円以下で買えるフェラーリはなくなった。それでも、新車のフェラーリはキャッシュで買う人が多いらしい。どういうときによく売れるのか。答えは簡単で、株価が上がったときだそうだ。

取材で360を借りたとき、郊外の広い2車線道路の路肩でメモをとっていたら、歩道でしばらくこっちを見ていた若いサラリーマンに声をかけられた。愛想のいい、気さくな青年で、「すごいクルマですねえ」と言ったあとも、いろいろ質問され

458イタリア

360

た。Ｆ1でもフェラーリが好きだという。若者のクルマ離れが言われているときに、うれしいではないか。ちゃんとした身なりをしているし、まさかカージャックされることはないだろう。

「ちょっと乗ってみる?」と声をかけたら、「マジすか!?」とのけぞったが、明るいノリでやがて助手席に収まった。

走り出してほどなく、せっかくだから、キックダウンをきかせてフル加速した。Ｆ1ギアなので、踏んでれば出る。もうフーハーいらずだ。フル加速のときは無口になって、膝の鞄を握る手に力が入ったようだったが、まさかのフェラーリ体験をとても喜んでくれた。感嘆符のたくさんついた感想とお礼を言われた。別れ際に名刺をくれた。Ｎ証券の営業マンだった。

ぶつからないクルマ【ぶつからないクルマ】

ほかは「ぶつかるクルマ」か。

衝突予防安全の最新型。車載カメラやセンサーの〃目〃で前方の障害物を感知し、自動停止する機能を持つクルマのこと。

日本市場に最初に導入したのは、2009年のボルボXC60で、〃シティ・セーフティ〃を全モデルに標準装備した。続いて10年にはスバル・レガシィが上級モデルに〃アイサイト〟を装備した。

この技術のブレークスルーは、完全停止までやってのけることにある。どちらも、カバーする速度域は限られているが、渋滞路のような低速域でうっかり追突することはなくなった。これまでは、ドライバーの目や耳に対する警告か、せいぜい減速までにとどまっていた。完全停止まで一歩、踏み出せたのは、国交省の規制緩和があったからである。

ただし、けっしてドライバーのブレーキ操作に変わる快適な自動停止装置ではない。ぶつかりそうになったら、これまでどおり、まずメーター表示での注意喚起や電子音で警告が発せられる。それでもドライバーがブレーキペダルを踏んでいないとき、最後の最後に介入する。パニックストップに近い減速Gで止めるため、常用ブレーキとしては使えない。

あくまでその一線を守った「転ばぬ先の杖」としてなら、あって邪魔になるものではない。「ぶつからないクルマ」の反対語は「ぶつかるクルマ」である。そう思われたらかなわないので、今後、すべてのクルマが「ぶつからないクルマ」化に向けて努力するだろう。あとはコストとの兼ね合いだ。

スバルのアイサイトには「AT誤発進抑制制御」が付いている。前方の近距離に高さ1m以上の障害物がある場合、停止状態からDレインジ

あーッ、ぶつからない

で強くアクセルを踏み込んでも、エンジン出力が上がらない。駐車時のような微速域でも効く。ペダルの踏み間違えなどによる暴走事故を食い止める機構だ。

ちゃんと運転していないドライバーが増えると、クルマがこうなる。

プリウス【Prius】

⇩車名「トヨタ・プリウス」

21世紀のカローラ。

30年以上首位をキープしたカローラに代わる国産ベストセラーカー。と一言でいうのは簡単だが、よく考えるとスゴイことである。エコカー減税があるとはいえ、かつてのカローラよりはずっと高価なクルマだ。それが日本一売れるクルマになった。「エコは、買ってでもする時代」。まじめな日本人がいよいよそう考えるようになったことの象徴か。

ただしプリウスの〝カローラ化〟はひとつの問題も引き継いだ。ユーザーの高齢化である。プリウスの顧客層の半分以上は60歳以上だという。2011年5月に追加したミニバン・タイプの新シリーズ〝α《アルファ》〟は、若いファミリー層獲得を狙ったプリウスの若返り作戦といえる。

プリウスかインサイトか【プリウスかインサイトか】

クルマ選びの大一番。

プリウスα

トヨタのエンジニアは、ホンダ方式のハイブリッドを「ワンモーター・ハイブリッド」と呼んでいる。ホンダ方式はエンジンと変速機の間に薄型モーター1個を置くシンプルな構造だ。それに対して、トヨタはシステムの中核に独自の動力分割機構を配置し、駆動用モーターとは別に充電用のモーターを持つ。走行中の大きな違いは、モーターのみのEV走行ができるトヨタ方式に対して、ホンダは基本的にいつもエンジンが回っている。

しかし、現在、ハイブリッドの主流は世界的にみてホンダ方式である。トヨタのなかでも選りすぐりの秀才が考えたトヨタ方式は、特許の問題を含めて、今のところトヨタにしかできない。「ガラパゴスだ」という批判もあるが、それはやっかみ半分である。

ガチンコ・ライバルのプリウスとインサイト、どっちがイイか。まず、燃費を最も重視するなら、プリウスである。2台ともリッター20kmを超える実用燃費が出せるクルマだが、いろいろな走行パターンで一緒に走らせると、プリウスのほうがトータルで少なくとも1割は燃費がいい。エコラン運転による伸びシロが大きいのもプリウスである。インサイトの1・3リッター（88馬力）よりプリウスの1・8リッターエンジン（99馬力）のほうをより少ないガ

ソリンで運転させるのがトヨタ式ハイブリッドの凄さといえる。

駆動用モーターの出力はプリウスが60kW、インサイトが10kW。ふだんの加速性能もプリウスのほうがいい。ただ、インサイトが非力なわけではない。アクセルの動きに即応する軽快感は、むしろモーターをターボ的に使ったインサイトのほうが強い。いつもエンジンが一生懸命回っているために、よりフツーのクルマっぽいのがインサイトの特徴だ。

とはいえ、乗り比べると、クルマの出来はすべてにわたってプリウスのほうが一枚上手だ。ほとんど〝文句なし〟のプリウスに対して、インサイトのほうがツッコミどころが多い。プリウスが五つ星なら、インサイトは四つ星である。

ブルーテック【BlueTEC】

⇩車名「メルセデスベンツE350ブルーテック・アバンギャルド」

盟主メルセデスの意地。世界一厳しい日本のディーゼル排ガス規制〝ポスト新長期〟を一番乗りでクリアした外国車。

NOx（窒素酸化物）を低減するために、これまでの排ガス浄化システムに加えて尿素SCR触媒コンバーターを使う。SCRとは、邦訳すると「選択的触媒還元」の意。専用の触媒コンバーターの中で排ガスに

尿素水溶液を噴射し、化学反応によりＮＯｘを選択的に分解する。ＮＯｘ吸蔵触媒でポスト新長期規制に対応した日産エクストレイルや三菱パジェロは、この種の添加剤を必要としないが、そのかわり触媒に高価なレアメタルを使う。

アドブルーと呼ばれる尿素水溶液は無味無臭の透明な液体。高いものではない。トランク床下の24リッター入りタンクを満タンにしておくと、２万４０００㎞もつ。注入や補充は簡単にできるが、一般的なメルセデス・ユーザーなら、定期点検の際に〝おまかせ〟でみてもらうことになるはずだ。

「走る理科室」のような3リッターV6ディーゼルは、しかしすばらしいエンジンである。クルマにくわしい人が車外で耳をそば立てれば、ディーゼルと言い当てられるかもしれないが、それはエンジンの音というよりも、重箱の隅をつついている音である。どこをとっても、悠揚迫らぬ高級エンジンだ。

規制クリア前とまったく変わっていない２１１馬力のパワーも申し分ない。というか、速いクルマである。箱根大観山の頂上で試乗車を撮影していると、気づいたら返却時間まで20分をきっていた。あわてて山を下り、大磯プリンスホテルまで、くわしく書けないペースで急行する。何度も通うルートだが、文句なしの過

尿素注入

去最速記録だった。それがクリーンディーゼル。石原都知事に乗せたい。

ブレラ【Brera】

⇩車名「アルファロメオ・ブレラ」

159ベースのスタイリッシュなクーペ。 159のホイールベースを18㎝カット、ボディ全長も30㎝近く短い。156で車庫長イッパイだった人も、これなら大丈夫だった。

ジウジアーロ・デザインの3ドアクーペボディは美しいだけではなく、剛性感もセダンより高く、91的なカプセル感覚をもつ。アルファの剛性チャンプかもしれない。サスペンションは159より固められ、スポーツクーペらしい緊張感を生んでいる。乗り心地もいい。

エンジンはいずれもGM系の2・2リッター4気筒と3・2リッターV6。パワーユニットにスタイリングほど〝華〟がないのは159にも共通する弱み。

【ほ】

ほうこうざい【芳香剤】

EVは内燃機関のクルマほどニオわない。ガソリンもオイルも、エンジンの冷却水も積んでいない。もち

ろん排ガスのニオイもないからだ。

　では、アイミーブやリーフの車内がニオわなかったか。そう言われればそんな気もしたが、たしかではない。車内臭というのは、主に内装の樹脂パーツや、そうした内装材を留める接着剤などが源になっている。

　最近のスバルは車内臭がトヨタになった。トヨタ傘下になったことを、なにより車内のニオイが物語る。

　スズキ・スイフトは現行の新型になって、車内のニオイが変わった。ヨメさんが旧型に乗っているので、よくわかる。それを開発者に伝えたら、しばらく考えて、「生産工場が変わったからかな」と分析した。車内臭でそんなこともわかるのだ。


　高いクルマほどニオわない。もしくはいいニオイがする。これは本当だ。アルミは無臭だが、アルミふうの安い樹脂パーツはニオう。シートに本革を使えば、ビニールレザーや化繊のニオイはしなくなる。革のニオイに好き好きはあるにしても。

　車内臭には、そのクルマ本来のニオイと、使っているうちについた生活臭とがある。それがないまぜになったのがクルマのニオイである。

　大型のカーショップではものすごい量の芳香剤が売られている。日本の自動車用芳香剤市場は１２０億円と言われている。すべての消臭／芳香剤市場の10分の1強だという。

　だが、今までの経験で、いちばん

お薦めできる芳香剤は、花梨《かりん》の実である。秋に獲れるオレンジくらいの大きさの黄色い果実だ。果実酒などの材料になる。これを車内のどこかに1個置いておくと、ほのかに甘い自然の芳香が漂う。かぼちゃ並みに硬い身だから、日持ちもよく、1カ月くらい〝効果〟を楽しめる。道の駅などでも売っている。

ボクスター
【Boxster】

⇩車名「ポルシェ・ボクスター」

ポルシェ満点。

ポルシェは安いクルマではない、というか、安いポルシェはつくらない。それが「世界でいちばん小さな、しかし独立した自動車メーカー」を標榜する彼らのポリシーである。

高いポルシェのなかでも、いちばん安いのがボクスターだ。現行モデルは2004年に登場した2代目。排気量もパワーもデビュー時より大きくなったが、いちばん安い2・9リッターの6段MTだと568万円だ。ポルシェ911のいちばん安いモデルより520万円くらい安い。ほとんど半値である。

では、いちばん安いボクスターといちばん安い911、どっちが楽しいか。それはもうボクスターにきまっている。なぜなら、ボクスターはオープンだからだ。

トップを開けると、水平対向6気

筒の快音が途端によく聴こえる。２座のミドシップ。９１１よりエンジンが近くにあることを痛感する。上を閉めれば、普通の屋根付きクローズドクーペとまったく変わらない室内環境が手に入る。

ポルシェ独特のソリッド感は、ボクスターにもみなぎっている。それでいちばん安いポルシェなのだから、実にお買い得だ。回転合わせの快音がカッコイイ7段ＰＤＫもいいが、ボクスターだからこそ、ＭＴを選びたい。

ホットハッチ
【Hot hatch】

ホットなコンパクト・ハッチバック。

国産車の世界では、この言葉そのものがほとんど死語になってしまったが、生まれ故郷のヨーロッパでは相変わらず元気である。モデルチェンジした新型コンパクトカーから高性能モデルが落とされることはないし、ＢＭＷミニ、フィアット５００といった21世紀生まれの新型にも、例外なくホットハッチ版は用意されている。

クルマが自分のカラダの一部のように反応する快感を知るのに、ホットハッチに勝るものはない。小さくて軽ければ、基本、お財布にも環境にもやさしい。ヨーロッパで若者のクルマ離れが日本のようにひどくならないのは、ホットハッチが頑張っているからに違いないとぼくは考えている。

◆

BMWがミニでEVの開発をしている。一充電の航続距離はどれくらいが適正か、求められる動力性能はどの程度か、そういった「EVの使われ方」をリサーチする実用プロトタイプをミニでつくり、世界中でモニターテストを行っているのだ。

2010年夏に日本にもやってきたその〝ミニE〟は150kW(204馬力)のハイパワーモーターを積んでいた。リアシートを完全につぶして(つまり2人乗り)搭載したリチウムイオン電池は、重さ260kg。内燃機関のクルマで言うと燃料タンク容量にあたるバッテリーの総電力量も35kWhと大きい。ちなみに、日産リーフは24kWhの電池で80kWのモーターを動かす。

ちょっと乗せてもらうと、実におもしろかった。今まで経験したEVのなかでも、最もファン・トゥ・ドライブだった。とくに印象的だったのは、モーターならではの強大な低速トルクである。徐行しているような微速で不用意にアクセルを踏むと、トラクション・コントロールが効くまでの数瞬、前輪がシュワッシュワッと音を立ててホイールスピンする。あんな微速領域で、あんな澄みきった大トルクを発するFF車は

初めてだ。トルクステア（急加速時にハンドルが片側にとられる現象）も強烈なので、公道に出る前に、慣熟走行用のクローズドコースが用意されていたくらいである。

さらに、回生ブレーキの強力さにもたまげる。踏んでいるアクセルペダルを戻すだけで、ガクンとつんのめるように減速する。あわててアクセルを足せば、加速Gもまた強力だから、併走撮影でカメラカーとペースを合わせて走るのがホネだった。

普通のAT車で、Lレインジのままずっと走っているのをもっと極端にした感じ、と想像してもらえば近いかもしれない。

これまでのリサーチでは、市街地

走行なら75%はフットブレーキを踏まず、回生制動だけでブレーキングがこと足りるという。少しでも電池のもちを伸ばそうというチューニングで、航続距離は240kmを謳う。快適なドライバビリティを考えると、いくらなんでもやり過ぎのチューンだが、そうした意見を広く集めるのがミニEの使命である。

でも、これでわかったこと。EVになっても、ホットハッチの未来は前途洋々である。

ポロ
【Polo】

⇩車名「VWポロ」

昔ゴルフ、今はポロ。

VWのベーシックカー。シャープなエッジが際立つハッチバック・ボディは、ワルター・ダ・シルヴァが、VWのデザインチーフに招かれてからフルコミットした最初の作品といわれる。元アウディ、その前はアルファロメオで活躍した辣腕デザイナーだ。

そのボディにゴルフTSIトレンドライン用と同じ105馬力の1・2リッター4気筒ターボを搭載したのが最新のポロである。活発な動力性能は、もはや〝速いクルマ〟に属す。燃費もいい。

さらに、動き出したとたん「あ、いいクルマだな」と感じるさせるポロの真髄はシャシーにある。足回り

はドイツ車にしては意外なほどソフトで、しなやかな乗り心地はフランス車のお株を奪う。ときにフェミニン（女性的）に感じるくらい、すべての機械が洗練されていて、雑味がない。コンパクトカーといえども、ドイツ車にはズッシリした乗り味や重厚な運転感覚を期待するという人には物足りないかもしれないが、しかしそんなカルさが5代目ポロの新しさといえる。クルマ全体から漂うシンプルさは、プレミアム化した今のゴルフからは薄れてしまった魅力でもある。

　高性能版のＧＴＩやＳＵＶのクロスポロがあるが、フツーのポロが最もお値打ち。

【ま】

マーチ【March】

⇩車名「日産マーチ」

トムヤムクンのマーチ。

　初代「マッチのマーチ」から28年、２０１０年に登場した4代目。

　日本を代表する大衆車としては初の海外生産モノ。初代モデルからヨーロピアン・イメージを前面に押し出し、マイクラの名で英国生産を続けてきたが、今度の日本国内モデルはタイで生産される。

テーマはエコ。1・2リッターエンジンを4気筒から3気筒に変え、ボディも軽くした。FFは最上級モデルでも960kgに収まる。

新エンジンは音も振動も3気筒の安っぽさなし。アイドリング・ストップ機構のチューニングもうまい。

デザインは先代より凡庸になったが、中身はマル。ちょっと期待もしていたタイ製の匂いはまったくしない。「クルマは今やどこでつくっても同じ」の法則を証明する1台。

【み】

みちのえき【道の駅】

現代のドライブイン。国道沿いに建つ国土交通省登録のドライバー休憩施設。地元の農産物販売や情報発信など、地域振興の拠点にした点が新しい。地方の過疎地へ行くと、道の駅しかない道がたくさんある。そんなところではたしかに〝オアシス感〟がある。

当然、地元が一生懸命コミットしている道の駅がおもしろい。逆にやる気のないところは、遠く他府県の物産を並べてお茶を濁す。道の駅も最近はスレてきて、ラーメン屋が同じようなつくりと味になるように、〝道の駅コーディネーター〟の存在

を感じることがある。

関東近県では富士山の麓に最近オープンした道の駅「すばしり」が楽しい。食堂の〝富士山カレー〟がおいしい。東富士演習場のすぐそばなので、自衛隊グッズコーナーもある。

ミト

【MiTo】

⇩車名「アルファロメオ・ミト」

ベイビー・アルファ。車名はイタリア語で「神話、伝説」の意。デザインセンターがあるアルファゆかりの地、〝Milano〟と、生産工場がある〝Torino〟を合わせたもの、とも説明される。コンパクト・クラスにコマのなかったアルファ・ファミリーに加わったのは2008年。

エンジンは1・4リッター4気筒ターボ。トップモデルのクアドリフォリオ・ヴェルデは170馬力の6段MT車だが、それでもホットハッチというよりは大人びた雰囲気のプレミアム・コンパクトである。

アルファびいきでいたいと思っている人間としては、アルファのエンジンがフィアットと同じでいいのか!? という恨みはあるが、この困難な時代、ましてや小さいクラスにそこまで望むのは酷だろうか。

フロントデザインは、8Cコンペティツィオーネにインスパイアされているという。しかし、つぶらなヒトミ風ヘッドランプのせいか、すい

ません、ワタシには天才バカボンに見えてしまいます。

ミニ
【Mini】

⇩車名「ミニ」

ミニミニ大作戦。

BMWが初めてつくったFF小型車。オリジナルの3ドア・ハッチバックに加え、オープンの〝コンバーチブル〟、ワゴンの〝クラブマン〟、2010年以降は新しいビッグ・プラットフォームを使う4ドアSUVの〝クロスオーバー〟（本国名カントリーマン）やチョップド・ルーフ風2シーターの〝クーペ〟もデビューした。

英国で生産するBMWミニとして登場したのは2001年。06年にモデルチェンジを行い、エンジンを刷新したが、クラシック・ミニ（1959年登場）にオマージュを捧げたスタイリングは変えなかった。というか、この内外装から生まれるミニのイメージをキープしながら、楽しげな派生モデルを次々に出してゆくのが卓抜した戦略である。

ある意味、ミニはクルマを〝オモチャにした〟最初のヨーロッパ車である。クルマ好きにとって、昔からクルマはオモチャだが、そうではなく、つくり手がオモチャにした。

その結果、BMWミニはクルマを突き抜けてしまったようなところが

ミニ・コンバーチブル

ある。飽きさせることなく新製品を繰り出す旺盛なプロダクティビティや、それを受け止める側のブランド・ロイヤリティ（忠誠心）の高さなどは、むしろアイフォンやアイパッドのようなものに近い。数々の派生モデルも、ミニという世界を楽しむための〝アプリケーション〟なのではないか。

　そんなわけで、今や品ぞろえは輸入車随一の豊富さだが、イチオシはコンバーチブル。屋根を開ければ、ミニの弱点である頭上の圧迫感から解放される。全開にしなくても外気を入れられる賢い電動トップは、夏場の暑い時期でもエアコンの使用を最小に抑えられる。

ミニバン
【minivan】

　軽自動車、プリウスと並ぶ日本車の三大特産品。前後3列シートを持つワンボックス型の乗用車を指す。

　ミニバンの始祖は88年にアメリカで発売されたクライスラー・ボイジャーである。それまでライトトラック・ベースだったV8エンジンのビッグバン（とは言わないが）より小ぶりなV6のFFワゴンで、手ごろなサイズがウケて大ヒットした。エスティマより大きい米国流のミニバンが、日本的スケールで〝ミニ〟なはずはなかったが、外来語は治外法権だから、言葉だけは定着した。「ウ

国産ベストセラーミニバン

チのミニバン、町なかじゃデカすぎる」なんて言っている。

少子化の日本で、多人数乗りのミニバンがこれほどまでに浸透した理由には、「大は小を兼ねる」という日本人の貧乏性メンタリティ、家が狭いことの反動、鉄道や飛行機の運賃が高いこと、クルマの車種決定権は、実は奥さんが握っていること、などが考えられる。

クライスラー・ボイジャーはモデルチェンジを重ねて今も健在だが、辛辣な批評で知られるイギリスの「CAR」誌は、最新モデルのひとことコメントにこう書いている。

「コンドームのほうが安い」

ミラ イース【Mira e:s】

⇩車名「ダイハツ・ミラ イース」

軽らしい軽。

ハイブリッドでもなく、EVでもない。「第3のエコカー」と謳う新型軽自動車。2009年の東京モーターショーで見せた2気筒直噴エンジンを積むのかと思ったら、ミラの3気筒を徹底的に見直し、ボディを軽量化するというブラッシュアップ作戦をとった。

燃費公表値は、ハイブリッドを除くガソリン車トップ。1・3リッターのデミオ・スカイアクティブをわずかにしのぐ。売れ筋のX（99・5万円）を借り、都内、高速、山道、一般道とひととおり走った250km区間で満タン法計測したところ、リッター20km台だったから、実用燃費もデミオよりちょっとよさそうだ。価格は40万円安い。軽の面目躍如である。

でも、走っていると、まぎれもない軽である。床下から終始、カサカサしたエンジン音が発せられる。乗り心地もボディ全体でよく揺れる。時速100キロでオーディオを楽しむクルマではない。

しかしその〝薄着な〟軽らしさがぜんぜんイヤではない。150万円くらいするプレミアム軽自動車の「これ、BMW3シリーズかよ!?」とびっくりするような乗り味よりも自然で好感が持てる。

肝心のエンジンは、低燃費ユニットの無理したところをまったく感じさせない。むしろ〝伸び〟が気持ちいいエンジンだ。CVTが52馬力のパワーをうまく紡ぎ出し、力は必要にして十分だ。

アイドリング・ストップに入ると、その間の分秒がカウントされ、しかも節約されている燃料の量まで表示される。「10分止まって57ccやて。もうかったワ」。ダイハツのふるさと、大阪のおばちゃんなんか喜んじゃうんだろうか。

軽量化しても、ボディはしっかりしている。中も広い。ただし、最上級モデルでも後席背もたれにヘッド

レストは付かないので、大人が乗るならふたりまでだろう。燃費ケチっても、追突されて医者代がかかったら意味ないですから。

【む】

ムルシエラゴ【Murcielago】

⇩車名「ランボルギーニ・ムルシエラゴLP640」

カウンタックの末裔。

ボディ/シャシーにカーボンファイバーを多用し、車重はアルファ159の3・2リッターV6より軽い。それを640馬力の6・5リッターV12で動かすビッグ・ランボ。走っていると、このエンジンを運ぶために走っているような錯覚にとらわれる。

最高速340㎞/h、0－100㎞/h＝3・4秒、燃料タンク容量は100リッター。欧州メーカーが血と汗と涙を流して140g/㎞以下に抑えようとしているCO_2排出量は、堂々の495g/㎞。空気読めない、どころか、字も読めないではないか。

デビューは2001年。古いだけにガヤルドより昔気質で、たとえば6段のeギアに完全自動変速モードは存在せず、ギアチェンジは常にパドル操作を要する。ただしローで1

10、セカンドで160㎞／h出てしまうから、頻繁にチェンジする必要はない。

6000回転以上回して加速すると、脳細胞のシナプスがショートする。全幅2mと6㎝の巨漢だが、分厚い革のニーパッドのおかげで、コーナリング中も意外やボディとの一体感がある。4WDだから、安心感もある。低いダッシュボードのおかげで、前方視界はすばらしくいい。高速道路やワインディングロードでコワイのは携帯電話による通報だけである（実話）。

2010年11月、9年間で4099台をつくり、めでたく生産終了。カウンタックの血脈は、新しいアヴェンタドールLP700－4に引き継がれた。

【も】

モーガン【Morgan】

⇩車名「モーガン4／4」

世界最長寿の自動車。

英国モーガン・モーター・カンパニーの主力モデル。「フォーフォー」と発音する。登場は1936年。長嶋茂雄と同じ歳。ギネスブックにも認定されたレコードカーである。

1909年に創業したモーガン・

モーガン

モーター・カンパニーは、それまでOHVツイン・エンジンを積んだスリー・ホイーラー（3輪車）のメーカーだった。4／4の車名は、まったく新しい「4気筒の4輪車」であることを表している。

現在の4／4用エンジンは、英国フォードの1・6リッター4気筒。外部調達のパワーユニットは、時代に合わせてアップデイトしてきたが、ラダーフレームとサスペンションは、戦前から変わっていない。

ボディ外板はアルミだが、インナーパネルには今も木を使っている。コクピットの床も、カーペットをめくれば板張りだ。今ふうにいえば、フローリング。バット用材でおなじみのトネリコだ。

外観からクラシックカーを想像して乗ると、裏切られる。いまのエンジンだから、走りはシャキッとしている。CO_2排出量142g／kmといえば、ほぼエコカーである。パワーステアリングではないが、車重は800kgそこそこなので、据え切りを除けば、ぜんぜん重くない。昔からこの形だが、つくったのは今。新車のモーガンは、いわば新作のバイオリンである。

従業員100人強のファクトリーは何があってもマイペースで、生産台数は年間500〜600台。日本には多くても年に20台ほどしか入ってこない。納期は世界的に「1年以

希少な英国純血種

内を目指している」という。

モーガンのアペリティフは〝待つこと〟。60回払いのスペシャルローンで、本当はいらないクルマを買わせる世界とは対極に生きるクルマである。

【や】

ヤリス【Yaris】

⇩車名「トヨタ・ヤリス」

アメリカでいちばん安いレンタカーを借り、「あそこのヤリスよ」と言われて対面すると、左ハンドルのヴィッツである。ヴィッツの輸出名。欧米ではヤリスである。

車名を決定する際、メーカーは事前に必ずネガティブ・チェックをやる。権利関係のチェックはもちろんだが、その名称に〝差し障り〟がないかどうかを調べるのも重要だ。「ヤリス」。後者的に日本ではおそらくNGだろう。

逆にヴィッツは、その名前ゆえに長崎県の五島では人気がないという噂があった。土地の方言で「びっつんなか」と言うと、「ブサイク」の意味だからだ。しかし、五島で聞いたところ、そのためにヴィッツが売れていないという事実はまったくないようである。

日本版ヤリス、ヴィッツ

ちなみに、そのヴィッツ、2010年末にモデルチェンジした新型の出来がすばらしい。とくに主力モデルのU（150万円）に載る新開発の1・3リッター4気筒がいい。小さな回転体が見事にバランスして回っているようなエンジンは、EVのように静かだ。ストローク感を増した足まわりも、ひとクラス上等になった。運転していて楽しいクルマになったのがなによりである。プリウスが現行型にモデルチェンジしたときよりも新鮮な驚きを覚えた。ホンダ・フィット、日産マーチ、マツダ・デミオ、スズキ・スイフトの国産コンパクト5強のなかでは、最も偏差値が高い。

【ら】

ラディカル【Radical】

ポケット・ルマンカー。

イギリスの最新バックヤード・ビルダー〝ラディカル・スポーツカーズ〟がつくるロードゴーイング・レーシングカー。

アウディのルマンカーをサイズダウンしたような自製のボディ／フレームに、オートバイのエンジンを搭載したのが最大の特徴。それも、日本製スーパーバイクの雄、スズキ隼

（ハヤブサ）のエンジンを使う。

◆

試乗してみたのは、ラディカルのなかではそれほどラディカルじゃないSR4。隼の1・3リッター4気筒を1・5リッターに拡大している。

まず最初、フライホイールのないバイク・エンジンのクラッチ・ミートに往生した。あまりにもアクセルペダルの反応が鋭すぎて、ミートがうまくできないのだ。クラッチペダルは堅く、ストロークも短い。そのため、性急に繋ぐとストンと止まる。かと思えば、繋がった途端、ホイールスピンする。

クラッチになんとか慣れて走り出すと、今度はその速さにアセる。フ

ル加速中、ちょっとよそ見をしていたら、いや、ちょっと長めのまばたきをしていたら、前の車にあやうく突っ込みそうになった。自動車用の〝スピードものさし〟は通用しない。

　これまでいろんなものに試乗したが、ラディカルは過去2番目にアセった乗り物である。北海道でパラシュートを背負わされて、いきなりグライダーのアクロバット飛行を体験させられたときの、次である。

　ラディカルには、自製のエンジンブロックに隼の4気筒ヘッドを2基くっつけた2・8リッターのV8モデルもある。450馬力で車重600kg。ルマン24時間にも参戦しているその〝SR8－LM〟は、ニュルブルクリングの旧コース6分56秒のラップ・レコードを持っている。それは日産GT－Rより40秒以上速いらしい。

ランエボ・テン
【Lancer Evolution X】

⇩車名「三菱ランサー・エボリューションX」

駆動オタクの金字塔。

　2007年に登場したランエボの10代目。2リッター4気筒ターボは途中で280馬力から300馬力に向上したが、その後はなにか放っておかれた感が否めない。スバルに先んじてWRCからは撤退し、インプレッサWRX・STIとの公道チキ

走ればサーキット

ンレースも終戦を迎えた。けっして数多くはない三菱のラインナップの中で、この時代、アイミーブとプレゼンスを両立させるのはむずかしいだろう。

しかし、いまなおランエボXは最もファン・トゥ・ドライブなミツビシである。左右後輪間のトルク配分を臨機応変に変える機構や、濃厚な4WD電子制御がもたらす〝無駄がき〟しない駆動性能がすごい。スバルにはないツインクラッチの6段自動MTは、ゴルフGTIのDSGより少しワイルドだが、ワイルドすぎない。クルマ全体として、メカメカしいスポーティさと十分な快適性がうまくバランスしている。10世代を経てこその到達点を感じさせる名車である。

アイミーブは値下げしたが、こっちは何度か値上げして、ツインクラッチのGSRで403・8万円。アイミーブより24万円高く、おかみの補助金もエコカー減税もつかない。でも、信号で隣に並んだアイミーブを置き去りにする前に、心の中で叫んでやろう。

「税金ドロボー!」

ラングラー【Wrangler】

⇩車名「ジープ・ラングラー」

CJ系ジープの子孫。CJとは、〝Civilian Jeep〟の略。

10代目ランエボ

軍用改め「民生用」を名乗るジープは、第二次大戦後から40年以上をかけてCJ－7まで発展し、87年にその跡を継いだのがラングラーである。現行モデルは2007年以来。

◆

ジープも2010年に出た最新のグランドチェロキーなどは戸惑うほど出来がいい。アメリカのジープが、日欧の高級SUVみたいになってしまっていいのか!?　と思うが、日欧の高級SUVに市場を食われると、どうしてもそうならざるを得ないようである。

その点、ラングラーはあらまほしきジープである。新しい3・8リッターV6は、旧4リッター直6より軽快になったが、クルマ全体に漂うユルさは健在。足回りもボディも適度にユサユサして、アメリカに来たなあと思う。カッコいいロングホイールベースの5ドアモデルが出て、ファミリーカーにもなるかと思いきや、3ドアよりリアシートが狭いというおバカなところもまたよし。

クルマはその国を表す鏡である。近年のアメリカ車には、クロスファイア（十字砲火）だの、パトリオット（愛国者、もしくはミサイルの名前）だの、ナイトロ（ニトロ）だのといった、好戦的で物騒な車名が増えてきた。その点でもこのクルマはいい。ラングラー、「カウボーイ」のことである。

カウボーイです

ランクル
【Land Cruiser】

⇩車名「トヨタ・ランドクルーザー」

国際貢献度ナンバーワン。

〝The king of 4WD〟を謳うトヨタの最上級ＳＵＶ。

〝ランクル〟の愛称でおなじみのランドクルーザーは、現存する日本車の車名では、最古のものだ。初出は、クラウンより1年早い１９５４年。以来、高い悪路踏破性能と機械的信頼性に磨きをかけ、近年は高級乗用車並みの快適性も備えてきた。厳しい自然環境や、危険な政情地域で、実際これほど頼りになる日本車はない。ひところ、車両盗難の標的にされたのも、海外に持ち出せば、右から左へ売れるからである。

２００７年に登場した現行世代の最新モデルはレクサスＬＳ４６０のＶ８を搭載する。長さ5ｍ、幅2ｍ、最上級グレード（６９２万円）だと２・７ｔに達する車重はレインジローバーやポルシェ・カイエンやＢＭＷ・Ｘ５などよりはるかに重い。ランクルは悪路踏破性能に軸足を置いたフレーム付きボディを採用しているからだ。軽量化よりも、極悪路でボディがもみくちゃにされたときの堅牢性を優先させた結果といえる。

しかし、乗り味はまさに「四駆のレクサス」である。乗り心地のよさはレクサスＬＳ４６０以上だ。巨大

なオフロードタイヤが床下でブン回っているなどとは、とても思えない。室内のどんなスイッチやボタンを操作しても、その感触に共通した高級感がある。そんなところもレクサスにならっている。

前席中央にある大きな箱のフタを開けると、中は大容量のクールボックスである。エアコンの冷気を利用した冷蔵庫だ。他車にもみられるが、こんなに大きなものは例をみない。日本では不要でも、砂漠じゃ有用だ。

【り】

リーフ【Leaf】

⇩車名「日産リーフ」

ハイブリッドで出遅れた日産が社運を賭けた本命エコカー。まだ買えないうちから2011欧州カー・オブ・ザ・イヤーを獲る。

プリウスと比べる人も多いだろうが、乗り味の高級感はリーフのほうが上。すがすがしい走行感覚はEVならでは。ハイブリッドと違って、原動機がついたり止まったりするわけではないから、プリウスやインサイトより〝特殊なクルマ〟という印象はむしろ薄い。

バッテリーを床下に配置したおかげで、室内も広い。後席うしろの充

電器が邪魔をして、リアシートを倒してもフラットな荷室がつくれないことが数少ない欠点。アイミーブと比べると、こちらはより大きなボディを持ち、パワーも航続距離も勝る。標準モデル（376・4万円）はアイミーブの上級モデルより安い。

リーフのカタログ航続距離は200km（JC08モード）。しかし、持ち時間3時間の試乗会で、ほぼ9割以上高速走行をすると、107kmを走ったところで「あと20km走行可能」の表示が出た。「あと30km」あたりからは、ドライバーの目と耳に残量警告が繰り返され、カーナビでは最寄りの急速充電施設を教えてくれる。〝電欠〟させないためのこうした積極的なケアはアイミーブはしてくれない。

だが、高速道路を3時間走ると、早くも真剣に充電スポットを探さないといけないとは、やはり内燃機関車との差は大きい。というか、ここまでクルマそのものを立派にしてしまうと、航続距離も短くてはすまされない、というEVのジレンマを感じさせるクルマである。

充電は200V電源でゼロからフルまで8時間。100Vだと28時間かかるため、「お薦めしない」とメーカーは言う。リーフほど電池のキャパシティが大きくないアイミーブは100Vの家庭でもなんとかイケる。そんな違いもある。

【る】

ルノースポール【Renault Sport Technologies】

ルノーのモータースポーツ活動や、少量生産の市販高性能モデルなどの企画開発を手がけるルノーの子会社。

フランス語読みだと最後のtを発音しないから〝スポール〟。スポーツでいいじゃないか、とも思うが、日本人は西欧のモノをリスペクトするので、「ルノースポール」と言うときにはフランス人になる。

本拠地は大西洋に面したノルマンディ地方のディエップ。かつてのアルピーヌの工場とテストトラックを引き継ぐ。だが、近年、生産に関しては、ルノースポールも他のルノーと同じラインでつくるケースが増えている。

ルノースポールが手がける2011年のラインナップは、メガーヌとルーテシア（本国名クリオ）とトゥインゴ。2座オープン・コンパクトのウインドも開発はルノースポールである。ルーテシア・ルノースポールは日本の新しい歩行者保護基準をクリアできず、2010年8月出荷分で輸入が終了した。

メガーヌ・ルノースポール

【れ】

レインジローバー【Range Rover】

オフロード四駆のＲＲ（ロールスロイス）。レインジローバーも頭文字はＲＲである。

ランドローバーの最高級モデル。プレス発表試乗会のディナーには、英国王室が出席する。ロイヤル・ファミリーは、代々レインジローバーのユーザーである。２００２年に登場した現行モデルのエンジンは、最初ＢＭＷ製だったが、06年からはジャガーのＶ８に換装されている。

◆

今のレインジローバーがデビューしたとき、スコットランドで行われたプレス試乗会後の晩さん会には、アン王女が出席した。ダイアナ王妃の旦那さんだったチャールズ皇太子の妹。お母さんはエリザベス女王。アン王女自身もレインジローバーのオーナーである。ちなみにクルマは〝献上〟ではなく、王室関係者もちゃんとお金を払って買う。そういう法律があるそうだ。

その晩のゲストは日本人ジャーナリスト16人。ディナーはフルコースだが、料理の量は意外とあっさりしていた。メインディッシュは鹿。味

のほうは、甘からず、辛からず、うまからず（ダチョウ倶楽部のギャグ）。やっぱりイギリスだなあと思った。食事の途中、何度か〝ロイヤルトースト〟という儀式があり、起立して乾杯する。

長いディナーの最後に、アン王女がスピーチに立った。ランドローバーの会長も、元駐日英国大使も原稿持参だったのに、プリンセスロイヤルは自分の言葉で10分以上話した。ランドローバー社がチャリティに熱心であることを紹介する一方、ヒル・ディセント・コントロール（いわば自動安全坂下り機構）など、新機軸の安全装備を備えた新型レインジローバーについて、大要こんなふうに言った。

「安全ないいクルマをつくるのはけっこうだが、クルマはもともと危険なものである。たとえ走破性の高い4WD車でも、そのことを忘れさせるようなことは好ましくない」

さすがオーナーだけあって、クルマについてよく知っている。しかも、おめでたい新車発表の席に水をさすような正論である。イギリスの王室というのは、こういう〝お役〟なのかと感じ入った。

レガシィ
【Legacy】

⇩車名「スバル・レガシィ」

かつての「国民的ステーションワ

ゴン」。

米国市場の重要性と、日本国内の〝レガシィ離れ〟をかんがみて、2009年登場の現行5代目からゆったりしたアメリカン・テイストにシフトした。

ボディは、中型ワゴンとしては最大級。デザインは、育ち過ぎたキュウリみたいだが、でっかいアメリカで見ればノープロブレムである。室内は広く、とくにリアシートの余裕はレクサスLSをしのぐ勢い。

エンジンは2・5リッター4気筒がメイン。乗り味も、ワインディングロードより55マイルクルーズが似合うアメリカン・テイスト。でも、意外やそれが、かつてまなじり吊り上げてレガシィGTターボを走らせた世代にウケている。

同じプラットフォーム（車台）を使ったエクシーガは、ぎりぎりステーションワゴンの外観で、前後3列7人乗りを実現している。ミニバン・メーカー陥落は踏みとどまりたいスバルの意地か。

レクサス・エル・エス ろっぴゃくエイチ
【Lexus LS600h】

⇩車名「レクサスLS600h」

トヨタ・ハイブリッドの頂点。

価格帯は、1000万円～1550万円。上級モデルはセンチュリー（1208万円）より高い。

デッカくなっちゃったー

スポーツ性は謳っていないが、ドイツ車の後発ハイブリッドと比べると、パワーユニットの強力さは圧倒的で、394馬力の5リッターV8エンジンと224馬力のモーターが静かな力をふりしぼる。モーターの最高出力はメルセデスSクラス／BMW7シリーズ用ハイブリッドの11倍、VW／ポルシェ用3リッターV6ユニットの5倍弱だ。

実際、全開加速は目を見張るほど力強い。それも無限に力がこみ上げてくるような独特のパワー感。なのに、運転していてもアドレナリンは出ない。ぜんぜん熱くない火、みたいなパワーである。

うちの斜向かいのお宅に毎朝、黒塗りのレクサスLSが通ってくる。社長の送迎車だ。ショーファーの運転は模範的で、歩いているとよく追い越されたり、すれ違ったりするが、住宅街をいつも匍匐前進するような低速でしずしずと走っている。

ただ、ひとつ気に食わなかったのは、待ちの間もエンジンをきらないことである。デカいV8を回しっぱなし。東京都にはアイドリング・ストップ条例があるのだぞ。この会社のコンプライアンス（遵法意識）はどうなってるのか。

とはいえ、社長送迎車としては、夏場、主役を乗せるときに車内が涼しくないのはマズイんだろうな。と、大目に見ていたら、あるとき、クル

マがLS460から600hに代わった。待ちのアイドリングはピタリと止んだ。コンプライアンスがある会社というか、お金がある会社だったらしい。アイドリング・ストップするハイブリッドVIPカーにはこういう現世御利益もあるのだ。

【ろ】

ロードスター

【Roadster】

⇩車名「マツダ・ロードスター」

世界に最も影響を与えた日本車。

初代モデルの登場は89年。その成功で、当時、絶滅しかけていた小型オープン2シーターを復興させた。

安くて丈夫な日本車が、果たして〝好きで〟選ばれるクルマだったかどうかは疑問だが、マツダ・ロードスターは世界中のモータリストに好きで選ばれ、愛されている。寒い冬のイギリスなどで、上開けっ放しのまま元気にモーターウェイを走るロードスターを見たりすると、日本人として（?）けっこう感動します。

2005年に登場した現行モデルは、シャシー・コンポーネントをRX－8と共用し、アテンザ用の2リッター4気筒を使う。1・6リッターで始まった初代ロードスターに1・8リッターが加わったときには、

国民的議論が巻き起こったが、3代目は最初から問答無用2リッターのみ。しかも、06年には電動メタルトップのRHTが加わる。

しかし、そうやって徐々にプレミアム化を進めてきても、クルマの体感温度は変わることがない。それが立派だ。RHTが重くなったといったって、1160㎏。いちばん軽いNR−Aが1100㎏。2リッターのオープン2シーターとしては依然、胸を張れる軽さである。

RHTかソフトトップか、MTかATか、と迷うのもいいが、その前に、歴30年余のロードスターには、新車か中古車かという楽しい悩みもある。ロードスターに賛同したら、無理して新車を買う必要はない。

知り合いのカメラマンが初代のユーノス・ロードスターをアシに使っている。ボロボロだった89年型をタダでもらってから、手を入れながら20万㎞走り、トータルの走行距離は37万㎞に達している。ネットで安い部品を見つけては、なんでも自分で直すが、まだエンジンのオーバーホールはしていない。

見た目はそれなりだが、運転させてもらうと、中身はかくしゃくとしていた。ボディ剛性は新車のフィアット・バルケッタより高い。ブリティッシュ・ライトウェイト・スポーツカーの伝統を引き継いだこのクルマは、ブリティッシュ・ライトウェイト・スポーツカー的生活の普及にも努めているのだった。

ロードスター・クーペ【Roadster Coupe】

⇩車名「マツダ・ロードスター・クーペ」

超レアものロードスター。

2代目ロードスター（NB型）の世代、2003年に発売された掟破りのスチール屋根モデル。

完全受注生産。注文を受けると、関連会社の〝マツダE&T〟にベースのロードスターが持ち込まれ、クーペの上屋が溶接された。販売台数は200台弱。歴代ロードスターのなかでも最も稀少なモデルである。

こんなクルマをいったいだれが買うのか。オレが買うしかないじゃないかと思い、04年に注文した。アストン・マーティンに似たクーペの斜め後ろ姿にひと目ぼれしての衝動買いだった。

6段MTがつく1・8リッターもあったが、迷わずテンロクにした。ボディカラーは赤と白と銀の3色しかなかった。受注生産なのに、なんで選択肢が減るのか。何色にだって塗ってくれりゃあいいじゃないか。日本のスポーツカー文化はどうなっておるのだ、と思ったが、言ってもせんないことなので、しかたなく、赤にした。5月の連休前に注文すると、6月末に納車された。

後付けの屋根とはいえ、スチールのハードトップである。ボディ剛性は明らかに高くなった。あとにも先にも経験したことがないしっかりボディのロードスターだった。

だが、副作用もあった。アイドリングで停車していると、床下から周期的な微音と微振動が伝わってくる。よくよく観察すると、それはプロペラシャフトの回転音だった。2車線の道路で大型トラックと並んで信号待ちをしていると、荷台の下でプロペラシャフトがゴロンゴロン、音を立てていることがある。あれのちいさいやつである。オープンボディをあとから上屋で閉じてしまうのは、パンドラの箱を開けてしまうようなことなのかもしれない。

それがいやだったわけではないが、1年で手放す。クーペボディのスタイリングはずっと好きだった。今でも好きである。でも、手放してから一度も見かけたことがない。

ローンチ・コントロール【launch control】

自動ドラッグ・スタート装置。

直訳すると「発進制御」。最も速い発進加速を得るために、エンジンやクラッチや変速機を統合的に自動制御する機構。MTを自動化した2ペダル変速機の高性能ヨーロッパ車から装備が始まり、いまやGTIではないフツーのVWゴルフにも付いている。

トリセツではどの車もサーキットでの使用に限定している。現代の高性能車はあまりにもパフォーマンスが高くなりすぎて、もはやサーキット以外では性能をフルに発揮することができなくなっている。ローンチ・コントロール機構はそれを象徴するきわめて21世紀的な装備といえる。

◆

日本車の装着例は限られるが、日産GT－Rには付いている。「Rモード発進」と呼ばれる機能だ。

やり方は簡単。変速機とVDC－R（シャシー制御）のセットアップ・スイッチをRモードにする。ブレーキを踏んで、アクセルペダルを素早く床一杯まで踏む。エンジンが4000回転にキープされる。3秒以内にブレーキペダルを放す。以上。

どんなクルマでも、ローンチ・コントロールが付いていれば試すことにしているので、530馬力のGT－Rでもやってみた。ポルシェ911だって、BMW・M3だって、AMGメルセデスだって、発進直後は一旦、テールをグイッと沈めるような挙動をみせるものである。そういう〝ため〟も〝躊躇〟もGT－Rにはなかった。ブレーキペダルから足を放すや、いきなりドカーンと弾かれるように水平高速移動が始まる。あれほど強烈な発進加速は経験したことがない。たぶんいちばん近いの

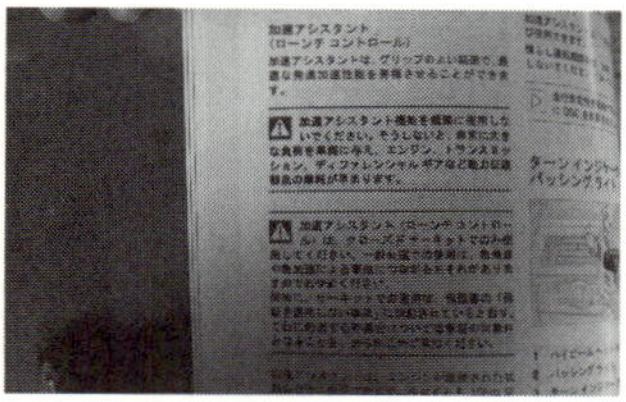

は、空母からのジェット戦闘機カタパルト発進だろうと想像した。
だが、GT－Rのオーナーズ・マニュアルには「停車状態からの発進加速を楽しめます」と、ジョークみたいな説明が書いてある。

【わ】

ワゴンかセダンか【ワゴンかセダンか】

同じクルマにセダンとステーションワゴンがあったら、ワゴンのほうが高い。「セダン＋広い荷室」がワゴンの付加価値だからだ。しかも、近年、ワゴンはセダンよりカッコイイことが多い。おまけに便利とくれば、ワゴンに人気が集まるのも当然だ。

だが、同じクルマのセダンとワゴン、乗ってベターなのは常にセダンである。ワゴンのほうがいいと思ったことは一度もない。荷室の分、上屋が大きいのだから、ワゴンのほうが必ず重い。車室の容積が大きいから、ボディ剛性も不利になる。後輪荷重の増大に備えて、サスペンションも硬くなる。そうした不利を持たないセダンは、ひとくちに乗り味がより爽やかである。よりファン・トゥ・ドライブと言ってもいい。セダンをあなどってはいけない。

あとがき

フリーの自動車ライターになってすぐのころ、「クルマニカ'91」という本を書いた。事典形式の自動車本だ。今年はあれからちょうど20年なのだと気づいたのが、この本をつくるきっかけである。

この20年、クルマの世界は信じられないほど変わった。逆に言うと、20年前には信じられない“いま”になった。

中国が世界一の自動車生産国になるなんて、だれが予想していただろう。「米国ビッグスリー」という言葉はなくなった。英国のロールスロイスやミニはドイツ車になった。ジャガーは旧植民地のインドに引き取られた。日産はフランス系外資メーカーになり、地方だと娘さんへの就職祝いに人気の高かったマーチは日本製からタイ製に変わった。

クルマの開発主眼はスピードからエコに変わった。「280馬力規制」という言葉があったが、「ハイブリッドカー」はまだ聞いたこともなかった。

20年前、ヨチヨチ歩きだった息子は、そろそろ就活の年齢になった。２年以上前に免許はとったものの、その後まだ一度も“単独運転”したことがない。クルマに興味がないし、クルマを運転する必要も感じていないらしい。「失効、気をつけろよな」と親父は今から言っている。

３・11後の困難な時期に20年ぶりのチャンスを与えてくれた二玄社の方々に感謝します。

総ページは決まっていたのに、項目を決めないで、思いつくままに書いていった。そのため、最後はスゴロクみたいになってしまった（あとがきも１ページになってしまった）。その難しい編集作業をしぶとくこなしてくれたバース・オフィス菊地博徳さんの東北人魂にも感謝します。

2011年11月

下《か》野《ばた》康《やす》史《し》

下野康史◉かばたやすし
1955年生まれ。

立教大学卒業後、自動車総合誌「CAR GRAPHIC」「NAVI」の編集記者を経て、
1988年にフリーランスの自動車ライターとなる。

以後自動車メディアのみならず、多様な媒体で執筆活動を繰り広げる。

趣味は自転車。

著書に「イッキ乗り—いま人間は、どんな運転をしているのか?」

「イッキ討ち—勝者はどっち!? ライバル車徹底比較」(二玄社)、

「ロードバイク熱中生活」(ダイヤモンド社)、

「図説 絶版自動車—昭和の名車46台イッキ乗り」(講談社+α文庫)などがある。

クルマ好《ず》きのための
21世紀《せいき》自動車大事典《じどうしゃだいじてん》

2011年11月10日 初版発行

著 者 下野康史《かばたやすし》
発行者 渡邊隆男
発行所 株式会社 二玄社
東京都文京区本駒込6-2-1 〒113-0021
Tel.03-5395-0511
http://www.nigensha.co.jp/

装 丁 菊地博徳(BERTH Office)
印刷所 株式会社 シナノパブリッシングプレス
製本所 株式会社 積信堂

ISBN978-4-544-40055-7 C0053